农村水污染控制技术与政策评估

夏训峰　王明新　席北斗　编著

中国环境出版社 · 北京

图书在版编目（CIP）数据

农村水污染控制技术与政策评估/夏训峰，王明新，席北斗编著. —北京：中国环境出版社，2012.10
ISBN 978-7-5111-1159-3

Ⅰ. ①农… Ⅱ. ①夏… ②王… ③席… Ⅲ. ①农村—水污染防治—研究—中国 Ⅳ. ①X52

中国版本图书馆 CIP 数据核字（2012）第 232557 号

责任编辑 黄晓燕
文字编辑 何若鋆
责任校对 唐丽虹
封面设计 马 晓

出版发行 中国环境出版社
（100062 北京市东城区广渠门内大街 16 号）
网 址：http://www.cesp.com.cn
电子邮箱：bjgl@cesp.com.cn
联系电话：010-67112765（编辑管理部）
010-67112735（环评与监察图书出版中心）
发行热线：010-67125803，010-67113405（传真）
印装质量热线：010-67113404
印 刷 北京市联华印刷厂
经 销 各地新华书店
版 次 2013 年 1 月第 1 版
印 次 2013 年 1 月第 1 次印刷
开 本 880×1230 1/32
印 张 7.5
字 数 180 千字
定 价 28.00 元

前　言

近年来，国内有一些专家和学者借鉴国外治理模式、技术与方法，开始研究农村水污染的有效防治途径，并总结出了一些绩效评价方法和管理经验。但是我国现有农村水污染技术评估研究还缺乏创新性和系统性，一方面农村水污染严重，急需技术经济可行、环境效益好的技术；另一方面农村水污染控制技术及政策体系刚刚起步，系统化、规范化、标准化程度较差。虽然我国研发了许多农村生活污水处理技术，实践中也出现了许多好的模式，但总体实施效果并不明显。究其原因，主要是因为农村水污染控制技术模式的实施效果不仅受制于技术本身，而且与区域的社会、经济、环境等关联，需要实现技术系统化、规范化、标准化，更需要考虑技术之间的匹配性和系统性，考虑区域经济的可接受性和环境承载力，实现农村生活污染控制技术的过程集成与整体优化，这样才能使示范工程具有更强的推广价值。

因此，迫切需要建立科学的农村水污染控制技术政策评估体系，针对不同的农村水污染问题进行全面评估，提出各种技术政策的评估方法，建立规范化、标准化、实用性的农村水污染控制技术体系。

本书是在环保公益性行业科研专项（201109024）、国家水体污染控制与治理科技重大专项（2009ZX07106-03、2009ZX07632-02）的支持下完成的。编写过程中参考了许多学者的研究结果，书后面附有参考文献目录，有些引述的内容未能查明出处，在此向这些作者表示歉意，并致以深深的谢意。

全书共分五章，第一章为绪论，介绍本书的研究背景、研究框架和数据来源；第二章介绍农村水污染控制技术政策体系现状与存在的问题，对这一技术政策体系进行理论分析，完善农村水污染控制技术政策体系的内涵。第三章介绍了农村水污染控制技术政策的环境效益、经济效益及社会效益评价方法。并以聊城市冬小麦、夏玉米和清丰县夏玉米测土配方施肥等项目为例，进行了生命周期评价和环境效益评价。第四章提出了农村水污染控制技术政策综合评价方法，包括前评价和后评价，提出了评价框架、流程、指标、技术。并以浙江省畜禽养殖污染防治技术政策、浙江省农村生活污水处理技术政策、洱海流域农村水污染控制技术政策、太湖流域农村生活污水处理政策（常州市）、我国农田化肥污染防治技术政策、《畜禽养殖污染防治技术政策》为例进行了实例分析和评价。第五章筛选出了农村水污染控制技术目录，包括农村生活污水处理技术目录、畜禽养殖污水控制技术目录和农田面源污染控制技术目录三部分，针对农户或村庄农村生活污水处理工程设施示范推广中的技术方案选择问题，提出了基于模糊优劣系数的农村生活污水处理技术优选方法。

本书第一章由席北斗执笔，第二章和第五章由夏训峰执笔，第三章和第四章由王明新执笔。夏训峰负责全文统稿、润饰和附录选编。

由于时间和专业水平所限，书中的观点和内容尚不完善，不足和疏漏之处在所难免，敬请专家、同行和广大读者批评、指正。

编　者

目　录

第1章 绪 论

1.1 研究背景

农村水污染将成为中国可持续发展的最大挑战之一。针对农村面源引起的水污染问题，我国示范、推广了众多的农村水污染控制技术。如针对农田面源污染的平衡施肥技术、测土配方施肥技术、病虫害综合防治技术、水土保持技术、生态护坡技术以及农业景观优化配置技术等；针对畜禽养殖污染的生物发酵床技术、粪污堆肥技术、畜禽养殖粪污厌氧消化及发酵产物综合利用技术、畜禽养殖废水自然处理技术、完全混合活性污泥法、间歇式活性污泥法（SBR）、接触氧化技术等；针对农村生活污水的氧化沟、生物滤池、土地渗滤系统技术、人工湿地技术等。

农村水污染与农村自然环境和经济条件密切相关，与农民意识及行为连成一体，农村水污染控制技术政策的选择与设计必须综合考虑技术、经济、社会和环境效应，考虑农民的意愿和行为动力。目前我国已经出台了一系列国家或地方层面的技术推广配套政策，如直接补贴政策、税收政策、鼓励/激励政策、罚款政策等。然而，我国农村水污染控制技术与政策整体上还处于起步阶段，污染治理技术政策的评估方法尚欠缺，互相配套的技术政策与环境经济政策体系还远未形成，综合管理体系尚未建立，极大地制约了农村水污染治理技术推广应用与农业污染物治理投资效用的发挥，农村水环境恶化势头并未得到有效遏制，对国家环境保护目标的实现造成严重影响。

在农村水环境管理中，首先遇到的难点是缺少对水污染防治工程、技术和政策绩效考核方法，保障农村水污染控制技术模式与农村区域特征相匹配，难以开展科学有效的评价工作。因此，迫切需要建立科学的农村水污染控制技术评估体系及相关促进政策，为制定农村水环境改善提供决策依据。

因此，研究制定相应的农村水污染治理技术政策评估体系，已经成为促进农村水污染治理技术的研究、示范与推广，改善我国农村水环境，实现农业面源有效管理的当务之急。

1.2 研究框架

本课题主要围绕农村水污染控制技术政策的绩效评估开展研究工作。研究内容涉及农村水污染控制技术政策的内涵、现状与问题，构建农村水污染控制技术政策的效益评价方法与综合评价方法，筛选农村水污染控制技术目录等。具体研究框架见图 1-1。

根据上述框架，本书将按照以下步骤开展研究：

第一，对农村水污染控制技术政策进行理论分析，阐明农村水污染控制技术政策的内涵和构成，揭示我国农村水污染控制技术政策的发展现状与问题，提出完善农村水污染控制技术政策体系的对策建议。

第二，构建农村水污染技术政策效益评价方法，包括环境效益评价方法、经济效益评价方法和社会效益评价方法，重点研究了基于生命周期理论的农村水污染控制技术政策的环境效益评价方法，并选择典型研究对象进行应用研究。

第三，构建农村水污染控制技术政策的综合评价方法，包括前评价方法和后评价方法，提出了农村水污染控制技术政策综合评价的框架、流程、指标体系、评价技术等，并选择典型研究对象进行应用研究。

第四，筛选农村水污染控制技术推荐目录，主要包括农田面源污染控制技术目录、畜禽养殖污染防治技术目录以及农村生活污水处理技术目录，构建农村水污染控制技术目录的优选方法。

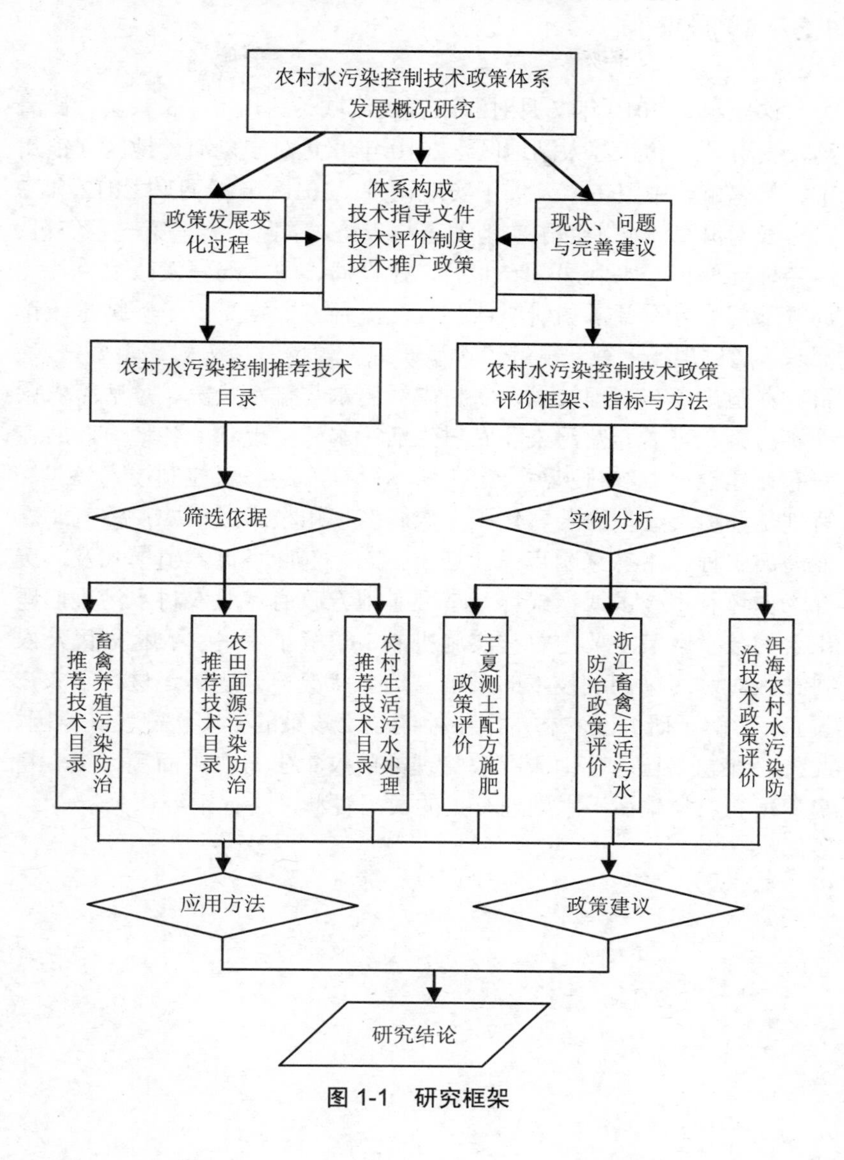

图 1-1　研究框架

1.3 数据来源

课题组于2010年7月对浙江苕溪流域（湖州市、长兴县、德清县及安吉县）和江苏太湖地区，2010年8月对宁夏河套地区（银川市、吴忠市、中卫市）开展了实地调查，2010年4月和2012年3月对云南洱海流域进行了实地调查与走访，掌握了大量第一手资料。与当地环保局、水利局、农业局、建设局、卫生局、发改委、林业局等部门领导召开了调研座谈会，交流各方面意见，了解技术政策需求。通过现场考察，了解了典型研究区农田种植模式与主要技术，畜禽养殖规模与管理技术，农村生活用水与排水状况，了解了农田面源污染、畜禽养殖污染和农村生活污水污染现状，各地方政府在新农村建设中对农村水污染控制所示范推广的主要控制技术模式。特别是环境友好型农药、化肥、农膜及使用技术或模式；沼气、农业清洁工程、生态家园富民计划；生态、健康畜禽养殖模式及其废弃物循环利用技术或模式等。掌握了地方政府针对农村水污染问题出台的技术政策主要内容与实施机制，了解了农民、农村居民及农村社区对水污染控制技术的采纳与选择状况。课题组还进行了农户调查，了解了研究区农村水污染控制技术政策的落实状况及其原因。此外，课题组还向各地方行政管理部门收集了与农田面源污染、畜禽养殖和农村生活污水处理有关的数据资料，进行了统计分析。

第2章 农村水污染控制技术政策体系发展状况分析

2.1 农村水污染控制技术政策体系的理论分析

2.1.1 农村水污染控制技术政策体系的定位

农村水污染控制技术政策是根据一定阶段的农村经济技术发展水平和水环境保护目标，针对种植业、养殖业、农村生活等部门提出的全过程控制污染的技术原则和技术路线，是农村水污染防治的基本指导文件。农村水污染控制技术政策的作用主要是为农村水污染控制提出技术路线，引导农村水污染控制工程技术发展，指导环保部门、工程设计单位和用户选择技术方案，最大限度地发挥环境投资效益，规范环保技术市场。

农村水污染控制技术政策的最终目的是促进先进适用技术的传播及进步，从而减轻农村水污染物排放，改善农村水体质量。因此，农村水污染控制技术政策体系的核心则是农村水污染控制技术的传播，即从研发者、推广者到采纳者的技术传播过程，核心要素是农村水污染控制技术指导文件，包括技术政策、技术指南和技术规范，为农村水环境管理服务，为农村水环境污染防治全过程的各个环节提供技术支持，对环境管理者和企业进行技术指导，为实现农村水环境保护目标提供技术保证。其有效运行则需要有坚实的支撑体系，主要包括技术评价制度和技术推广政策（图 2-1）。

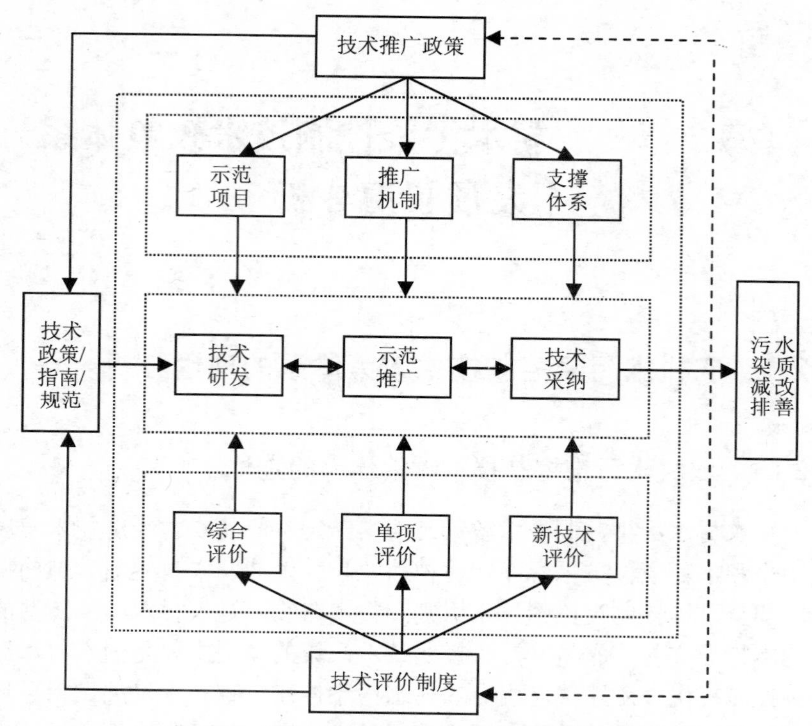

图 2-1　农村水污染控制技术政策体系的构成

2.1.2　农村水污染控制技术政策体系的内容

基于以上分析，按照农村水环境污染防治全过程对技术支撑的要求，我国农村水污染控制技术政策体系应包括农村水污染控制技术指导文件、农村水污染控制技术评价制度以及农村水污染控制技术示范推广政策（图 2-2）。其中，农村水污染控制技术指导文件是重点，指导了农村水污染控制技术从研发到应用的全过程。完善的农村水污染控制技术评价制度是实现先进适用技术得以推广应用的重要手段，农村水污染控制技术示范推广政策则是农村水污染控制技术得以推广应用的重要载体。

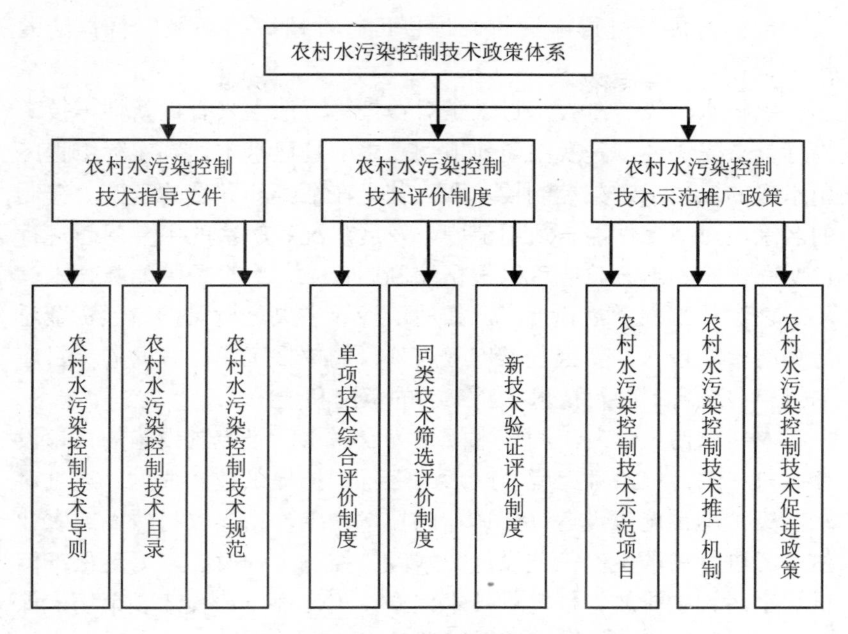

图 2-2　农村水污染控制技术政策构成

指导农村水污染部门进行污染全过程防治的农村水污染控制技术政策则是农村水污染控制技术指导文件的核心，它主要包括颁布的各类相关技术政策，如畜禽养殖污染防治技术政策、农村生活污水处理技术政策。它的有效实施还需要集源头控制、清洁生产和末端治理于一体的农村水污染控制技术指南或最佳可行技术导则以及各关相关的技术规范的支撑。

（1）农村水污染控制技术指导文件

农村水污染控制技术导则是为实现农村水污染物减排和水环境改善目标，针对农村生产、生活等部门的重点污染源对污染防治全过程所应采用的源头控制技术、经济可行的清洁生产技术、达标排放污染控制技术。农村水污染控制技术指南的作用是对农村水污染控制给予技术指导，是农村居民和生活者选择清洁生产技术、污染物达标排放技术路线和工艺方法的主要依据，也是环保管理、技术部门开展环境影响评价、项目可行性研究、环境监督执法的技术依据。

农村水污染控制技术目录是对在技术方法上具有创新性，技术指标具有先进性，是我国当前迫切需求的且已基本达到实际工程应用水平的农村水污染控制技术和工艺，在征集和评价的基础上编制的名录，对技术性能、适用范围、发展状况和解决的主要问题进行说明。国家和地方政府可以根据编制该目录，对目录中的新技术、新工艺进行工程示范和推广，如用于指导中央环境保护专项资金对污染防治新技术、新工艺推广应用项目的申报工作，资助的项目应当符合名录所列的新技术、新工艺的范围和要求。

农村水污染控制工程技术规范为农村水污染控制设施的工程设计、农村水污染治理工程验收后的运行维护提供技术依据。通过对水污染治理设施建设运行全过程的技术规定，指导农村居民或农业生产者进行清洁生产工艺设计、水污染控制工程设计，为环保部门进行水污染物排放管理提供技术依据，规范环境工程建设市场，保证环境工程质量，为达标排放提供重要保障。

（2）农村水污染控制技术评价制度

农村水污染控制技术评价制度是应用科学的方法和指标体系进行农村水污染控制技术的筛选、评价与评估，为农村水环境管理科学决策服务。

（3）农村水污染控制技术示范推广政策

农村水污染控制技术示范推广政策是通过对能够解决污染防治重点、难点问题的新技术、新工艺进行示范，对各类成熟、污染防治效果稳定可靠、运行经济合理并已被工程应用的实用污染防治技术进行推广，为技术政策和污染防治最佳可行技术导则的制定提供技术依据。

2.2　农村水污染控制技术政策体系现状与问题

2.2.1　发展概况

（1）技术指导文件的状况

关于种植业领域的污染防治技术文件，《种植业污染控制技术政策》正在编制中，已发布的技术导则包括《化肥使用环境安全技术导则》《农药使用环境安全技术导则》，已发布的技术规范包括《水土保持技术规范》。

关于养殖业领域的污染防治技术文件，发布了《畜禽养殖业污染防治技术政策》和《畜禽养殖污染防治最佳可行技术指南》，技术规范方面，主要是结合农村能源生态建设，发布了《规模化养殖场沼气工程技术规范》《户用农村能源生态工程 南方模式设计施工与使用规范》和《户用农村能源生态工程 北方模式设计施工与使用规范》。

农村生活污染领域的污染防治技术文件比较健全，目前环境保护部已发布了《村镇生活污染防治技术政策》《村镇生活污染防治最佳可行技术指南》《村镇生活污染控制技术规范》，此外住房和城乡建设部还发布了各生态分区的《农村生活污水处理技术指南》。住房和城乡建设部编制了镇乡村排水技术规范，浙江、江苏、天津、湖北、云南等省市也分别出台了地方的农村生活污水处理适用技术指南、农村生活污染控制最佳可行技术导则等。

（2）技术评价制度的状况

2009 年，环保部发布了适用于环境保护行政主管部门组织开展的环境保护技术评价与示范活动管理的《国家环境保护技术评价与示范管理办法》，环保部还每年发布与《办法》要求发布的《国家鼓励发展的环境保护技术目录》。从 2009 年开始，《国家鼓励发展的环境保护技术目录》开始把《农村污染治理技术》列入重要内容。

2.2.2 存在的问题

（1）技术指导文件不完善

① 种植业：技术政策正在编制中，农药、化肥的安全使用技术导则已发布，但没有考虑替代技术指南。以农田非点源氮磷污染为例，不仅化肥过量使用会造成氮磷流失污染，厩肥、沼液、沼渣等有机肥的过量使用同样会导致氮磷流失污染，因此还需编制《农田养分综合管理技术指南》。同样，针对植保的环境问题，还需编制《绿色植保技术指南》。

② 养殖业：比较关注畜禽养殖业污染问题，对水产养殖业的关注不够。畜禽养殖污染防治技术文件中，较为关注规模化养殖场，而没有关注牧场污染防治问题。

农村生活污染：污染防治技术管理文件相对比较健全，环保部发布了技术政策、技术导则和技术规范，住建部发布了六大行政区的农村生活污水处理技术指南，各省市也分别发布了地方技术指南，目前主要是缺乏技术标准，导致技术示范推广过程中盲目性较大。

（2）技术评价制度不健全

尽管国家环保部早在2009年就颁布了《国家环境保护技术评价与示范管理办法》，但在缺少资金和权威技术指导的情况下，出现了某些地区片面推广单一处理方式、技术选择不当等现象，造成污水处理效果不佳、污水处理设施不能正常运行。以浙江省为例，目前农村生活污水处理主要采用厌氧发酵、酸化技术。这一技术对化学需氧量去除效果较好，但对消除氮磷污染、改善地表水富营养化作用不明显。人工湿地、好氧曝气和稳定塘等技术比较成熟，理论上氮磷去除率可达 80%以上，但是这些技术在全省已建项目中占有率不到 30%。一些基层单位为了完成既定目标，只求设施有无，不论效果好坏，处理方式上一味追求简便低廉，为节约成本而降低设计、材料要求，造成材料和设施的质量得不到保证。同时，一些污水处理设施形同虚设，经常出现池体破损、管道破裂等现象，由原来的“地面排污”转成“地下排污”。

（3）示范推广项目长效运行机制缺失

① 自筹资金率过高。农村污水处理系统的建设和运营费用依靠财政补助和自筹类资金。以浙江省为例，从近两年省级财政投入来看，全省每年投入农村生活污水处置（包括镇级污水设施建设）以奖代补资金约 5 亿元。按照省政府明确的目标任务，初步估算每年需投入建设资金约 47 亿元，加上已建成设施运行、维护经费的支出，资金短缺已成为推进农村生活污水整治工作最主要的障碍之一。由于资金缺口部分主要依靠地方各级财政投入或村集体自筹解决，村集体和村民自筹的资金比例较高，基层筹资筹劳难度加大，增加了农民负担。

② 后期管护经费缺失。建设起来的处理设施，预先没有安排运行维护资金，使设施得不到正常的运行维护，导致工程设施移交地方后往往难以得到长效运行。

③ 人员培训滞后。以浙江省为例，至 2008 年年底，全省乡镇环境保护机构只有 173 个，实有人数仅 854 人，大部分乡镇尚无环保机构和专业环保人员，乡镇、村一级从事环保工作的人员多数没有经过专业培训。

④ 忽略配套项目建设。重建轻管现象普遍存在，一些与农村污水治理有关的配套建设尚未得到重视和落实。以浙江省农村生活污水处理技术设施推广为例，一是管网建设不健全。农村管网铺设难度大，管网及配套设施建设滞后，主体工程建成后污水收集率低，致使污水处理设施建成后无法正常发挥作用。二是忽视新增污染源的治理。一些农家乐的新增生活污水排放总量不断增加，加上农村生活污水随意排放的现象非常普遍，使农村生活污水治理处于“质量差、效率低、缺管理”的状态。

⑤ 忽视对产业的优惠及支撑。以沼气工程为例，目前单有国家基础设施补贴政策，而没有生产运行和销售活动的优惠政策。例如沼气生产和使用补贴，沼渣、沼液制肥生产和使用补贴，秸秆能源化利用补贴，沼气设备生产和销售补助等。沼气产业链每个环节都为节能环保作出贡献，要实现每个环节的产业化，要使每个环节的

经营者都得到生存和发展的空间，产业链才能运转不断链。

（4）技术示范推广的支撑体系不健全

① 技术研发者、推广者与使用者的联系与反馈不足，许多技术不具实用性。许多科技成果不能直接应用于生产，只是停留在基础研究阶段和实验室成果阶段，并没有达到应用技术开发阶段和中试、示范推广转化阶段。

② 推广投资项目多渠道，重复投资、效率低下的现象较为普遍。目前国家级技术推广项目主要来源是财政部、科技部和国家计划发展委员会等部委，各部委的技术推广项目自成体系，相互独立。这些部委在审批农业、林业、水利三部局推广项目的同时，自己也直接向省级对口部门或县乡政府下达推广项目，这样，就会出现一个内容的项目，两个名称，多头申报，重复投资的现象，不仅降低了投资的效率，同时也为项目经费分配中的腐败提供了可能。

③ 法规制度不协调。现有的法律体系对农村的环境保护仅局限于原则性规定，没有把农村、农业和资源保护统一起来，农村生活污水、农村环境基础设施建设等方面的立法基本空白。以浙江省为例，现有的《新农村建设规划》《生态村建设规划》等规章对农村生活污水整治要求不具体，农村生活污水仍无明确的排放标准，政策体系缺乏全面性和系统性。在农村旧房改造和新宅建设中，缺少对生活污水处理设施建设的硬性规定，许多项目技术方案选择不当。对一些地处生态环境敏感区或水体富营养化程度较高地区的项目未提出氮磷排放要求，导致环境基础设施的设计、施工不规范。

2.3 农村水污染控制技术政策体系的完善

2.3.1 构建农村水污染控制技术指导文件

（1）构建原则

污染防治技术政策与污染防治最佳可行技术导则相对应，污染防治技术政策为宏观指导，污染防治最佳可行技术导则为微观指导，因此，污染防治最佳可行技术导则体系的划分比污染防治技术政策更具体。

环境工程技术规范分为工艺技术规范、重点污染源治理工程技术规范、污染治理设施运行规范等。

遵循上述原则，构建农村水污染控制技术政策体系表、农村水污染控制最佳可行技术导则体系表和环境工程技术规范体系表。

（2）制定农村水污染控制技术政策

污染防治技术政策按行业或污染源分类制定（图 2-3）。农村水污染控制技术政策可分为农业源和生活源。农业源根据主要污染行业分为种植业、畜牧业和水产业，分别制定农田面源污染防治技术政策、畜禽养殖污染防治技术政策、水产养殖污染防治技术政策。生活源依据其污染源的不同可分为生产污水污染和生产垃圾污染，虽然污染源不同，但进入水体后产生的污染物以及污染过程相似，且国家已经制定了村镇生活污染控制技术政策，因此不再细分。

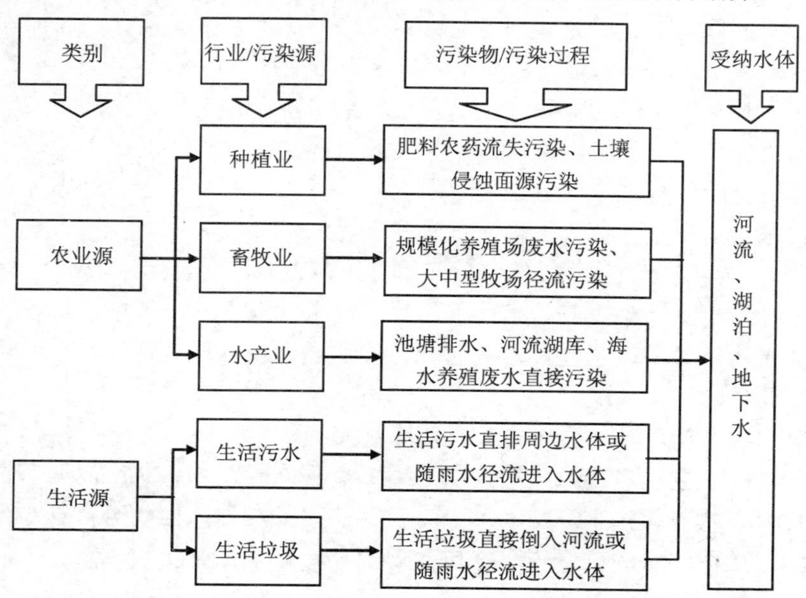

图 2-3　污染防治技术政策分类制定

各类技术政策主要内容包括制定农村水污染控制技术政策的目的、污染防治目标、污染防治的技术路线、技术原则、技术方针、技术方案、鼓励使用的新技术以及农村水污染控制技术的作用机制等。

（3）完善农村水污染控制最佳可行技术导则

农村水污染控制最佳可行技术导则体系与农村水污染控制技术政策相衔接，并依据污染源、污染物或污染过程的不同进一步细分，具体细分依据主要考虑环境管理上的可操作性而选择。

农田面源污染主要来自种植业的化肥、农药以及土地的不合理利用，因此技术导则应重点调整农户的化肥、农药和土地利用行为。根据污染物或污染行为的不同，分别制定化肥使用环境安全技术导则、农药使用环境安全技术导则、土壤侵蚀污染防治技术导则。

与畜禽养殖污染防治技术政策相衔接，依据污染源的不同，分别制定规模化养殖污染防治技术指南、大中型牧场污染防治技术指南。

与水产养殖污染防治技术政策相衔接，依据养殖方式差异导致污染过程的差异，分别制定池塘养殖污染防治技术指南、河流河库养殖污染防治技术指南、海水养殖污染防治技术指南。

与村镇生活污染防治技术政策相衔接，已制定村镇生活污染防治最佳可行技术导则，但由于生活垃圾污染管理与生活污水管理存在较大的差异性，应分别制定农村生活垃圾收集、转运与处理处置技术指南和农村生活污水处理技术指南。

（4）健全农村水污染控制工程技术规范

农村水污染控制技术规范包括农村水污染治理工艺技术规范、重点污染源治理工程技术规范、污染治理设施运行规范等，以通用性的技术规范为重点。

污染治理工艺技术规范：是指适用于不同部门或行业污染治理的各类工艺技术规范。其特点是适合于不同行业污染源应用的共性技术，从工程技术类别上可分为营养盐污染治理工程、有毒物污染治理工程和水污染修复工程技术规范等。如平衡施肥技术规范、病虫害综合防治技术规范等。

重点污染源治理工程技术规范：是根据行业污染物和治理工艺

特点，依照排放标准制定的典型污染物治理技术规范。其特点是行业、污染物及工艺技术紧密结合，如畜禽养殖污染防治工程、生活垃圾填埋场技术规范等。

污染治理设施运行技术规范：是指为保证重点行业污染治理设施运行的可靠性，对设施的运行管理等提出的技术规定。

因此，农村水污染控制技术规范应与农村水污染控制技术政策与最佳可行技术导则、技术指南相衔接，综合考虑污染部门、污染源、污染物、污染过程和污染防治工艺，制定农村水污染控制技术规范分类表（表2-1）。

与农田面源污染防治技术政策及其相应的技术导则和技术指南相对应，考虑其污染物与污染过程的差异，主要从污染治理工艺上制定技术规范，分别制定平衡施肥技术规范、病虫害综合防治技术规范和水土保持技术规范（已发布）。

与畜禽养殖污染防治技术政策及其相应的技术导则和技术指南相对应，考虑其污染负荷较大，从重点污染源治理工程技术规范，制定畜禽养殖业污染治理工程技术规范；从治理工艺及设施运行方面制定规模化养殖场沼气工程技术规范、规模化养殖场堆肥技术规范、畜禽养殖粪便还田处理技术规范、户用农村能源生态工程　南方模式设计施工与使用规范（已发布）、户用农村能源生态工程　北方模式设计施工与使用规范（已发布）。

与水产养殖污染防治技术政策及其相应的技术导则和技术指南相对应，考虑其养殖方式的不同导致的污染过程的差异，从治理工艺与设施运行方面制定其共性技术规范，分别制定网箱养殖污染防治技术规范和池塘养殖污染防治技术规范。

与村镇生活污染防治技术政策及其相应的技术导则和技术指南相对应，考虑从生活垃圾与生活污水处理工艺与设施运行方面制定技术规范。除了现有的村镇生活污染防治技术规范外，生活垃圾方面分别制定农村生活垃圾分类收集技术规范、农村生产垃圾中转站设计规范、垃圾填埋场设计规范（已发布）、垃圾填埋场封场规范（已发布）、生活垃圾堆肥厂运行管理规范；农村生活污水方面分别制定农村生活污水分散式处理工程运行管理规范、农村生活污水集中式处理工程运行管理规范和农村生活污水净化沼气池设计规范。

农村水污染控制技术指导体系汇总见表 2-1。

表 2-1　农村水污染控制技术指导体系

技术政策	技术导则/指南	技术规范
种植业污染控制技术政策（编制中）	1. 化肥使用环境安全技术导则（已发布） 2. 农药使用环境安全技术导则（已发布） 3. 土壤侵蚀污染防治技术导则	1）农田平衡施肥技术规范 2）农田病虫草害综合技术规范 3）开发建设项目水土保持技术规范（已发布） 4）全国生态农业建设技术规范（已发布）
畜禽养殖业污染防治技术政策（已发布）	4. 畜禽养殖污染防治最佳可行技术指南（已发布） 5. 大中型牧场污染防治最佳可行技术指南	5）畜禽养殖业污染治理工程技术规范 6）规模化养殖场沼气工程技术规范（已发布） 7）规模化养殖场堆肥技术规范 8）畜禽养殖粪便还田处理技术规范 9）户用农村能源生态工程　南方模式设计施工与使用规范（已发布） 10）户用农村能源生态工程　北方模式设计施工与使用规范（已发布）
水产养殖业污染防治技术政策	6. 池塘养殖污染防治技术指南 7. 河流河库养殖污染防治技术指南 8. 海水养殖污染防治技术指南	11）网箱养殖污染防治技术规范 12）池塘养殖污染防治技术规范
村镇生活污染防治技术政策（已发布）	9. 村镇生活污染防治最佳可行技术指南（已发布）	13）村镇生活污染控制技术规范（已发布）
	10. 农村生活垃圾收集、转运与处理处置最佳可行技术导则	14）农村生活垃圾分类收集技术规范 15）农村生活垃圾转运站设计规范 16）垃圾填埋场设计规范（已发布） 17）垃圾填埋场封场规范（已发布） 18）生活垃圾堆肥厂运行管理规范
	11. 农村生活污水处理技术指南（已发布）	19）农村生活污水分散式处理工程运行管理规范 20）农村生活污水集中式处理工程运行管理规范 21）农村生活污水净化沼气池设计规范

2.3.2　完善农村水污染控制技术评价制度

农村水污染控制技术评价制度是农村水污染控制技术政策体系的有机组成部分，建立完善科学、规范、客观、公正的技术评价管理制度、方法和程序，是有效实施农村水污染控制技术管理的重要技术手段。农村水污染控制技术评价制度建设的重点任务是在现行专家技术评审、论证、验收等工作的基础上，借鉴发达国家环境技术评价制度的成功经验，结合我国农村的具体情况，以现有单项技术综合评价制度、现有同类技术筛选评价制度和新技术验证制度为核心，建立完善的农村水污染控制技术评价制度，开展农村水污染控制技术的筛选、评价与评估，为农村水环境管理科学决策服务。

（1）建立农村水污染控制技术评价指南与指标体系

借鉴发达国家技术评价咨询制度，总结科技成果评估、项目评估制度的经验，建立适合我国国情的技术评价制度，依据《国家环境技术评价、示范和推广管理办法》，建立配套的农村水污染控制技术评价指南、指标体系等。

（2）开展现有农村水污染控制可行技术综合评价

依托现有单项技术综合评价制度，在现行专家技术评审、论证、验收等工作的基础上，建立以费用—效益分析和生命周期分析为基础，综合考虑技术的环境、经济、社会效益，对现有可行技术进行评价。

（3）建立农村水污染控制技术优选评价体系

建立农村水污染控制同类技术的筛选评价方法和体系，制定评价指标体系和同类技术优选方法，重点制订适用于不同的污染控制工艺技术（设备）筛选、评价的方法、程序和标准。建立以费用—效益分析和生命周期分析为基础，能够客观反映技术的有效性、可靠性、经济性、环境效益等的同类技术筛选和评价体系、制度、机构和评估队伍，规范农村水污染控制技术评价行为。

（4）建立新技术和引进技术验证评价体系

借鉴美国、日本等发达国家环保部门实施的环境技术验证制度，结合我国农村实际情况，依据《国家环境技术评价、示范和推广管理办法》，建立以试验数据和统计学方法为基础的第三方技术评价验证方法体系。通过对农村水污染控制新技术、首次引进的技术进行验证，创新农村水污染控制新技术和引进技术的消化吸收机制，推进农村水污染控制技术的创新与高新技术的应用，提高对农村水污染控制新技术评价的科学性和公正性。

（5）确定三类评价制度在污染防治最佳可行技术选择、技术示范和技术推广中的应用机制

对已应用的技术，依据现有可行技术综合评价制度和同类技术筛选评价制度，选择现有污染防治最佳可行技术，作为制定技术政策、污染防治最佳可行技术导则和进行技术推广的基础。对新技术、新工艺，采用新技术验证评价方法体系，开展技术应用的前评价，以及先进技术示范推广项目的后评估。在示范的基础上，通过对其技术的先进性、有效性、经济可行性和环境效益等进行综合评估，考察技术示范项目是否达到预期的目标，同时评价其作为制定污染物排放标准、技术政策和污染防治最佳可行技术导则等的可行性。根据评价结果，将可行的示范技术列入技术政策、污染防治最佳可行技术导则等。

（6）建立技术评价、验证支持机制

在进行第三方技术评价、验证时需对环境技术进行必要的检验和测试，以取得可靠的技术数据作为评估的依据。因此国家或地方应建立第三方技术评价支持机制，政府支持环境技术第三方进行评估测试等工作，设备设计、加工和运行管理等由技术拥有方出资支持，以推动第三方技术评价、验证工作的开展。

2.3.3 健全农村水污染控制技术推广体系

（1）建立环境技术示范机制

为促进农村水污染控制技术进步与成果转化，考察技术成果的可靠性、经济性、实用性、推广性必须建立农村水污染控制技术示范推广体系。

按照《国家环境技术评价、示范和推广管理办法》《排污费征收使用管理条例》《排污费资金收费使用管理办法》（财政部、国家环保总局第 17 号令），关于支持“污染防治新技术、新工艺的推广应用项目主要用于污染防治新技术、新工艺的研究开发以及资源综合利用率高、污染物产生量少的清洁生产技术、工艺的推广应用”的要求，主要针对这些技术进行示范：

① 为解决农村水环境问题的系统集成技术示范（对重点行业、重点领域的新技术进行集成性、成套性、高效性和实用性示范，并注意运行管理机制、监督监控模式等的示范）。

② 新技术、新工艺示范。主要围绕我国农村水环境管理的重点和难点要求，针对长期制约我国农村水环境技术发展的“瓶颈”问题，在技术评价的基础上，组织已完成中试、扩大试验或生产性试验，具有潜在应用价值的创新技术进行工程化示范。

③ 消化吸收引进技术的示范。对我国尚无能力进行工程化开发、先进成熟的引进技术的国产化应用示范，重点解决工艺技术、成套设备、材料的引进消化和国产化。

国家每年从中央环保专项资金和“以奖促治”资金中安排一定比例用于先进成熟技术、创新技术和引进消化技术的示范，重点安排环境管理和污染物排放标准制（修）订和实施必需的，及制约我国农村水环境保护产业健康发展的共性技术进行示范。定期发布和更新《农村水污染控制示范技术目录》。

（2）完善环境技术推广政策

在技术评价的基础上，对成熟的技术定期发布《国家鼓励发展的农村水污染控制技术目录》，用以引导农村水污染控制技术和产业的发展，并作为环保、住建、农业、林业、水利等有关行政管理部门制订农村水污染控制技术、经济政策时的主要依据，引导农村水污染控制技术进步，逐步解决制约我国水环境管理制度有效实施的技术“瓶颈”。要求中央和地方的环保、住建、农业、林业、水利等部门的财政支持项目优先采用目录推荐的技术。

（3）建立信息系统

建立农村水污染控制技术专家系统、农村水污染控制技术信息系统及农村水污染控制技术管理信息系统，及时登录、发布和更新各种农村水污染控制技术管理信息、管理政策、文件和动态，加强公众参与，为农村水环境管理服务。

（4）定期编制发布《农村水污染控制技术发展报告书》

《农村水污染控制技术发展报告书》是对我国农村水污染控制技术为农村水环境管理提供技术支撑能力的综合评估和发展趋势分析，是农村水污染控制技术发展方向性的指导书。报告书由农村水污染控制技术发展总论、按部门和行业分别对环境技术发展状况和对环境管理的支撑能力进行评估等部分构成。主要内容包括：农村水污染控制相关技术政策和技术发展水平和现状分析、农村水污染控制技术对环境法规和排放标准的支持能力评价、各类农村水污染控制技术工程应用现状和发展前景分析、新技术开发与应用前景评述等。旨在引导我国农村水污染控制技术的科技创新和环保产业的发展，指导农村水污染控制科技研究投入重点领域、国家产业化支持方向及企业环保产业投资方向等。

第3章　农村水污染控制技术政策效益评价方法与应用

3.1　评价方法

3.1.1　环境效益评价方法

（1）直接效益评价

农村水污染控制技术政策的直接环境效益体现在水污染物排放量的削减，可以采用下式评价：

$$P=\sum_{i=1}^{n}\frac{Q_{it}/C_{is}}{Q_{i0}/C_{is}} \tag{3-1}$$

式中：Q_{it} —— 现状年第 i 种水污染物排放量；

Q_{i0} —— 基准年第 i 种水污染物排放量；

C_{is} —— 第 i 种水污染物的排放标准，可以采用《城镇污水处理厂污染物排放标准》；

P —— 水污染物排放量的削减率（＞20%为“好”，10%～20%为“较好”，0～10%为“一般”，≤0 为“差”）。

（2）隐含效益评价

农村水污染控制技术政策的环境效益，不仅体现在水污染物排放量的削减，还会引起其他大气或固体废物排放量的增减，从而隐含的环境效益。这种考虑了直接和隐含环境效益的评价思路可以采用生命周期评价方法进行评价，评价范围可仅考虑水污染处理系统，也可以延伸到上游环节的污染物产生系统和下游环节的污染物处理系统。

农村水污染控制技术政策的隐含环境效益涉及对能源耗竭、温室效应、环境酸化、光化学氧化、富营养化和人体毒性 6 种环境影响潜力的削减。同类污染物通过当量系数转换为参照物的环境影响潜力。其中，温室效应以 CO_2 为参照物，CH_4 和 CO 的当量系数分别为 21 和 2；NO_x 和 NH_3 同时具有环境酸化潜力和富营养化潜力，环境酸化潜力以 SO_2 为参照物，NO_x 和 NH_3 的当量系数分别为 0.7 和 1.89；富营养化潜力以 PO_4^- 为参照物，NH_3、NO_x、TN、TP 和 COD 的当量系数分别为 0.35、0.13、0.42、3.06 和 0.10；光化学氧化潜力以 C_2H_4 为参照物，VOC、CO、CH_4 的当量系数分别为 0.6、0.3 和 0.007；人体毒性以 1,4-DCB（1,4-二氯苯）为参照物，SO_2、NO_2 和 PM_{10} 的当量系数分别为 0.31、1.2 和 0.1。

单位评价单元的隐含环境影响指数采用下式计算：

$$I = \sum_{i=1}^{6} \sum_{j=1}^{m} \frac{W_{ij} Q_{ij}}{Q_i} \tag{3-2}$$

农村水污染控制技术政策的隐含环境效益采用下式计算：

$$P = \frac{I_t - I_0}{I_0} \tag{3-3}$$

式中：W_{ij} —— 第 i 类环境影响类型第 j 种污染物的当量系数；

Q_{ij} —— 第 i 类环境影响类型第 j 种污染物的排放量；

Q_i —— 第 i 类环境影响因子的人均潜力；

I_t —— 现状年的影响潜力；

I_0 —— 基准年的影响潜力；

P —— 隐含环境影响潜力的削减率（＞20%为“好”，10%～20%为“较好”，0～10%为“一般”，≤0 为“差”）。

3.1.2 经济效益评价方法

农村水污染控制技术政策的经济效益评价方法可以采用财务分析法进行评估，对于农田面源污染防治技术政策和畜禽养殖污染防治技术，可以采用下式进行评价：

$$P=\frac{(B_t-C_t)-(B_0-C_0)}{B_0-C_0} \tag{3-4}$$

式中：B_t—— 现状年单位面积或单位畜禽的收益；

C_t—— 现状年农田面源污染或单位畜禽污染治理的成本；

B_0—— 基准年单位面积或单位畜禽的收益；

C_0—— 基准年农田面源污染或单位畜禽污染治理的成本；

P—— 农田面源污染防治或畜禽养殖污染防治的收益率（＞10%为“好”，0～10%为“较好”，－10～0%为“一般”，≤－10 为“差”）。

对于农村生活污水治理政策，可以采用下式进行评价：

$$P=\frac{C}{R} \tag{3-5}$$

式中：C—— 吨水建设和年运行成本，元/t；

R—— 户均年收入，元；

P—— 农村生活污水处理的经济压力（＜3%为轻，3%～6%为较轻，6%～9%为较重，≥9%为重）。

3.1.3　社会效益评价方法

农村水污染控制技术政策的社会效益评价方法可以采用社会调查法进行评估，计算方法如下：

$$P=\sum_{i=1}^{n}Q_i\Big/n \tag{3-6}$$

式中：Q_i—— 公众对农村水污染控制技术政策的第 i 种社会效益的满意度（如对环境质量、环境卫生和农村景观的满意度，采用百分制法进行公众调查打分来赋值）；

n—— 调查指标数量，可以根据评价对象的不同和评价目标的需要而增减；

P—— 综合满意度（≥90%为“好”，80%～89%为“较好”，

70%～79%为“一般”，＜70%为“差”）。

3.2 实例分析

3.2.1 聊城市冬小麦测土配方施肥的环境效益评价

为减少化肥污染，提高耕地产量，农业部从 2005 年在全国范围推广测土配方施肥项目。它是以土壤测试和肥料田间试验为基础，根据作物对土壤养分的需求规律、土壤养分的供应能力和肥料效应，在合理施用有机肥料的基础上，提出氮、磷、钾及中、微量元素肥料的施用数量、施用时期和施用方法的一套施肥技术体系（张福锁，2006）。至 2010 年，项目示范区已经覆盖了全国所有农业县，达到 2 498 个，其实施效果和环境效应迫切需要科学、客观的评价。

研究表明，采用测土配方施肥减少了肥料使用量和化肥流失量，有利于节本增收和减轻农业非点源污染（张成玉，等，2009；李强坤，等，2010）。这些研究侧重关注测土配方施肥在作物种植环节实现的资源、环境或经济效益。然而，农田施肥会通过供需关系影响上游的化肥生产单元的资源消耗量与污染排放量，仅考虑种植环节低估了测土配方施肥的资源与环境效益。而且，农业生产体系产生的环境影响也比较复杂，仅与施肥有关的影响类型就包括富营养化、环境酸化、温室效应、化石能源耗竭等多种影响类型。本研究应用 LCA 方法系统评估测土配方施肥项目的资源节约与污染物减排效益，旨在为改善测土配方施肥项目实施效果提供决策参考，同时也有助于 LCA 研究内容与应用领域的拓展。

（1）评价对象

研究区聊城市位于山东省西部，属暖温带季风气候，四季分明，光照充足，年平均降水量 600～650 mm，土质良好。全市总人口 558 万人，总面积 8 590 km^2，耕地面积 5 533 km^2。聊城是国家重要的粮食生产区，耕作制度多为两年三熟或一年两熟。自实施测土配方施肥项目以来，冬小麦和夏玉米测土配方施肥面积分别由 2006 年的

620 km^2 和 200 km^2 上升至 2010 年的 2 520 km^2 和 2 140 km^2。

本书以聊城市2006—2010年冬小麦测土配方补贴项目为典型研究对象，研究范围包括作物种植单元及其上游的化肥生产单元。因为本书侧重研究测土配方施肥相对于常规施肥而产生的环境效益，因此，各单元仅考虑与肥料生命周期有关的活动及产生的输入输出及其产生的影响类型。化肥生产单元的影响包括氮、磷、钾肥生产过程导致的大量能源消耗和废水、废气及污染物排放。作物种植单元的影响是施肥引起的径流、淋溶、硝化-反硝化、挥发等过程的污染物排放。以生产 1 t 冬小麦为评价的功能单元，对测土配方施肥区和常规施肥区的冬小麦生产体系进行生命周期资源与污染物排放进行清单分析。在此基础上，以常规施肥区冬小麦为参照体系，进行测土配方施肥项目的环境效益评价，分析测土配方施肥项目对各类环境效益的贡献，寻求进一步改善的途径与措施。

（2）评价方法

① 清单分析

种植单元的数据资料来自聊城市农业局提供的测土配方示范项目的统计结果。研究区中常规施肥区（CFA）和测土配方施肥项目示范区（PDA）冬小麦生产体系的施肥和生产统计结果见表 3-1。

表 3-1　2006—2010 年聊城市冬小麦施肥与产量

年份	CFA 区施肥与产量/（kg/hm^2）				PDA 区施肥与产量/（kg/hm^2）				
	氮肥	磷肥	钾肥	产量	氮肥	磷肥	钾肥	有机肥	产量
2006—2007	242.27	141.91	52.99	6 293.01	218.5	105.29	82.06	2 709.68	6 535.35
2007—2008	205.86	134.26	61.54	6 504.23	202.36	133.38	65.91	3 587.89	6 846.34
2008—2009	227.29	120.55	50.46	6 429.93	216.26	117.03	47.2	7 492.47	6 779.23
2009—2010	229.23	136.16	65.76	6 180.36	222.41	131.09	66.16	9 196.67	6 497.88

种植单元施肥环节的污染物排放量受自然地理条件影响较大，因此，其排污量的计算需综合考虑自然地理条件和耕作管理措施的双重影响。NH_3 挥发与肥料类型、土壤 pH、土壤类型和气候状况有关，华北平原农田 NH_3 挥发率在 10%～30%（苏芳，等，2007），本研究中，NH_3 挥发率基肥取 8%，追肥取 20%，基追肥量的比例为 1∶0.59。N_2O 排放是硝化与反硝化综合作用的结果，它与耕作措施、生物过程、土壤特征和气候状况有着密切的关系。本书依据聊城市土壤与气候条件和有关学者的研究报道（潘志勇，2005），确定化学氮肥的 N_2O 排放系数为 0.5%，有机肥系数为 1.0%。种植环节氮、磷流失量与降雨强度、作物类型、农业耕作管理方式以及土壤理化性质等密切相关，本研究中农田氮、磷径流和淋溶损失量采用排污系数法进行清单分析，测算方法如下：

$$L=L_0+F\times C \tag{3-7}$$

式中：L —— 肥料流失量，即氮、磷的径流或淋溶流失量，kg/hm^2；

L_0 —— 对照流失量，即不施肥时的氮、磷流失量，kg/hm^2；

F —— 氮、磷的施用量，kg/hm^2；

C —— 肥料流失率，%。

对照流失量和肥料流失率来自环保部污染源普查办发布的农业源系数手册。关于径流，TN 的对照流失量取 1.5 kg/hm^2，肥料流失率取 0.6%；TP 对照流失量取 0.3 kg/hm^2，肥料流失率取 0.4%。关于淋溶，由于 TP、NH_4^+-N 侧向和垂向移动性差，因此，仅考虑 NO_3^--N 的流失，对照淋溶量取 3.5 kg/hm^2，肥料流失系数取 0.9%。

化肥生产单元的水污染物排污系数采用第一次全国污染源普查推荐的排污系数，能耗采用国家发改委、国家质量监督检验检疫总局、国家标准化管理委员会等部门发布的行业清洁生产标准限值或单位产品能源消耗限额，气态污染物参考苏洁（2005）的研究结果，采用排污系数法计算污染物排放量。

② 效益评价

参照 ISO 的生命周期评价框架，效益评价可分为特征化、标准化和加权评估 3 个步骤。特征化中，把冬小麦生命周期资源与环境影响类型特征化为能源耗竭（ED）、农用地占用（ALO）、温室效应（GE）、环境酸化（AC）、富营养化（AE）和人体毒性（HT）6 种类别。能源消耗以单位评价单元的能量消耗量表征，主要是化肥生产过程消耗的煤、天然气和电力等一、二次能源，土地占用以每吨冬小麦作物生长季占用的土地面积和时间的乘积来表征。在污染物的特征化中，同类污染物通过当量系数转换为参照物的环境影响潜力（Huijbregts et al.，2000；Brentrup et al.，2004）。其中，NO_x 和 NH_3 两种气态污染物同时有着环境酸化和富营养化影响，主要通过干湿沉降回归地表，只有部分进入水域，因此，在计算富营养化潜力时，需考虑进入水域的污染物比例。本书根据聊城市水域面积比例状况，假定 NO_x 和 NH_3 排放量中 1/3 进入水域产生富营养化影响，2/3 回归地表后部分通过径流和淋溶进入水域，这部分影响包含在氮素的地表径流和淋溶损失中，不再重复计算。通过特征化得到冬小麦测土配方施肥的生命周期环境效益，它以常规施肥区冬小麦的生命周期资源环境影响潜力与测土配方施肥区冬小麦生命周期资源环境影响潜力的差值来表示。

标准化过程主要是建立标准化基准作为参照值，目的是对各种环境影响类型的相对大小提供一个可比较的评价标准。标准化处理方法采用特征化结果值除环境影响基准值。为了将全球性、地区性以及局地性影响在同一水平上进行比较，本研究采用 2000 年世界人均环境影响潜力作为环境影响基准进行标准化处理，即以常规施肥区冬小麦的生命周期资源环境影响潜力与测土配方施肥区冬小麦生命周期资源环境影响潜力的差值除 2000 年世界人均环境影响潜值来表示。2000 年世界人均 ED、ALO、GE、AC、AE 和 HT 潜力分别为 41 215.63 MJ、5 448.50 m^2、7 941.61 kg（以 CO_2 当量计）、52.50 kg（以 SO_2 当量计）、1.90 kg（以 PO_4^{3-} 当量计）和 198.13 kg（以 1,4-DCB 当量计）（Sleeswijk et al.，2008）。在加权评估中，权重确定可采用目标距离法、专家打分法或货币化方法，目标距离法和货币化方法由于数据缺乏难以实施，专家打分法具有较大的主观性，因此，本书不进行加权评估。

（3）结果分析

① 资源节约效应

聊城市 2006—2010 年节地和节能效益见图 3-1。节地效益取决于单产的变化状况，测土配方施肥区冬小麦增产幅度在 4.63%～9.39%，因此，通过测土配方施肥，1 t 冬小麦生命周期实现节地 34.04～39.87 $m^2 \cdot a$，其数值随着年际间增产幅度变化而波动。冬小麦施肥生命周期能耗大部分产生于高能耗的化肥生产单元，因此，单位评价单元的节能效应取决于高能耗的化肥尤其是氮肥的投入强度和单产水平。通过测土配方施肥，钾肥投入量有较大提高，氮肥降幅达 11.07%～24.36%，磷肥除 2006—2007 年度有小幅上升外，其他三年度的降幅达 8.58%～46.02%。测土配方施肥通过大幅降低氮肥使用量而显著降低了其冬小麦生命周期能耗影响，节能效益达 288～644 MJ/t，2006—2007 年度的节能效益最大，其后有下降趋势，表明习惯施肥与测土配方施肥的施肥量差距呈缩小趋势。

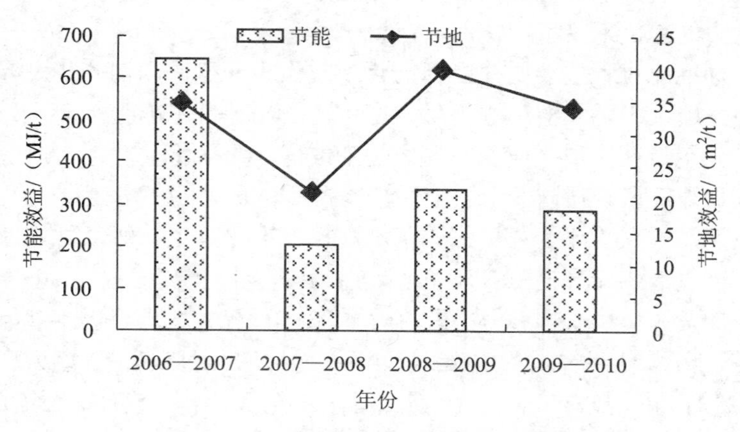

图 3-1　冬小麦测土配方施肥生命周期资源节约潜力

② 污染减排效应

冬小麦施肥生命周期富营养化污染物包括种植单元排放挥发的

NH_3、径流损失的 TN 和 TP 及淋溶损失的 NO_3^--N 以及化肥生产单元排放的 NH_4^+-N 和 COD（表 3-2）。测土配方施肥对富营养化影响的减缓效益主要来自于种植单元的减排作用。通过测土配方施肥，每吨小麦实现富营养化减缓效益达 0.02～0.38 kg（以 PO_4^{3-} 当量计），NH_3 和 TP 减排对冬小麦生命周期富营养化影响的减缓贡献最大，两者之和对冬小麦生命周期富营养化影响减缓的贡献达 43.92%～86.19%。从年份来看，2006—2007 年度实现的富营养化减缓效益最大，这是由于该年度冬小麦测土配方施肥区大幅度减少氮肥的用量，显著减少了 NH_3 的排放量，同时还实现了 7%的增产，使得单位评价单元的富营养化减缓效益较高。其后富营养化减缓效益越来越小，尤其是 NH_3 减排的贡献越来越小，但总 TP 减排的贡献有增加的趋势，表明常规施肥区农户的氮素投入逐渐趋于理性，磷素投入还有减量的空间。

表 3-2　冬小麦测土配方施肥生命周期富营养化减缓潜力

单位：kg/t（以 PO_4^{3-} 当量计）

年份	NO_x	NH_3	NO_3^--N	NH_4^+-N	TN	TP	COD	合计
2006—2007	0.032 6	0.187 6	0.020 8	0.000 7	0.011 8	0.074 9	0.000 3	0.328 7
2007—2008	0.012 2	0.049 5	0.010 3	0.000 3	0.004 2	0.009 1	0.000 1	0.085 8
2008—2009	0.019 8	0.062 4	0.006	0.000 5	0.001 2	−0.000 1	0.000 2	0.090 0
2009—2010	0.017 0	0.012 3	−0.001 6	0.000 4	−0.003 9	−0.002 8	0.000 2	0.021 5

冬小麦施肥生命周期环境酸化污染物包括化肥生产单元排放的 SO_2 和 NO_x 及种植单元排放挥发的 NH_3（图 3-2）。通过测土配方施肥，单位评价单元实现的环境酸化减缓效益达 0.27～1.59 kg（以 SO_2 当量计），主要来自于种植单元的减排作用，其中 NH_3 减排的贡献达 24.88%～63.73%。2006—2007 年度实现的环境酸化减缓效益最大，这是该年度测土配方施肥与常规施肥相比，显著降低了氮肥使用量，从而大幅度减少了 NH_3 的挥发。其后环境酸化减缓效益越来越小，表明常规施肥与测土配方施肥之间的差异越来越小，通过测土配方

施肥项目的示范，达到一定的辐射推广作用。

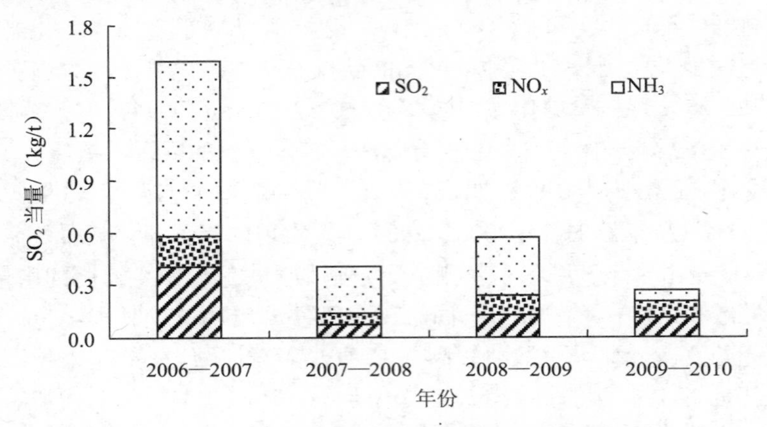

图 3-2 冬小麦测土配方施肥生命周期环境酸化潜力

冬小麦施肥生命周期温室效应污染物包括 CO、CO_2 和 N_2O（表 3-3）。通过测土配方施肥，单位评价单元实现的全球变暖减缓效益达 7.593 ～53.02 kg/t（以 CO_2 当量计），其中，CO_2 和 N_2O 的减排贡献最大。2006—2007 年度的温室效应减缓效益最大，这是由于该年度化肥氮肥用量显著减少，不但降低了种植单元的 N_2O 排放，还由于减少了对化学氮肥的需求，从而减少了化肥生产单元的 CO_2 排放。其后减缓效益有一定的波动，但总体上呈降低趋势，一方面是由于化肥使用量差距越来越小，N_2O 的减排贡献有降低趋势；另一方面则由于测土配方施肥体系中有机肥使用量越来越多，这有助于减少化肥的使用量，降低化肥生产单元的 CO_2 排放，还有助于增肥地力，提高土壤有机碳存储量，但 N_2O 排放量呈上升趋势，在一定程度上抵消了 CO_2 减排的贡献。

冬小麦施肥生命周期人体毒性污染物包括化肥生产单元排放的 PM_{10}、SO_2 和 NO_2 及种植单元排放挥发的 NH_3（图 3-3）。测土配方施肥，单位评价单元实现的人体毒性污染物减排潜力 0.12～0.49 kg/t（以 1,4-DCB 当量计），其中，NO_2 和 SO_2 的减排贡献较为突出。2006—2007 年度冬小麦测土配方施肥实现的人体毒性减缓效益最大，这与该年度化学氮肥大幅度减量使用有关。其后三个年度人体毒性污染物减排效益越来越小，尤其是 NH_3 减排的贡献越来越小，这是由于其后三个年度冬小麦习惯施肥与测土配方施肥的化学氮肥使用量差距越来越小，因此人体毒性减缓效益主要来自其磷、钾肥减量使用而减少了其生产过程的 NO_2 和 SO_2 排放。

表 3-3　冬小麦测土配方施肥生命周期温室效应减缓潜力

单位：kg/t（以 CO_2 当量计）

年份	CO	N_2O	CO_2
2006—2007	0.55	2.07	50.40
2007—2008	0.21	−4.07	16.02
2008—2009	0.33	−10.07	26.47
2009—2010	0.29	−15.31	22.61

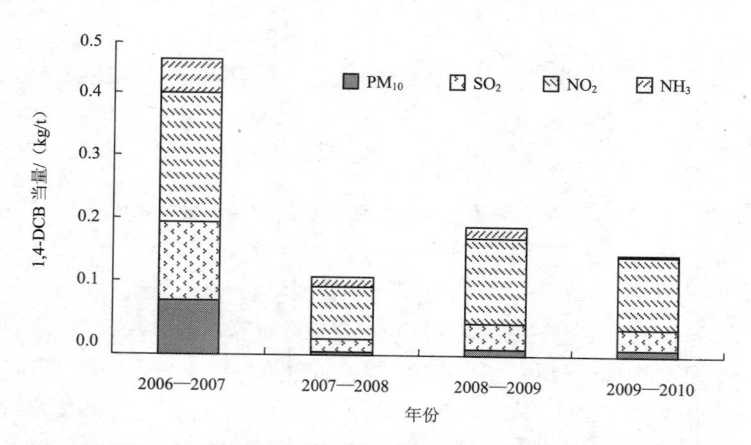

图 3-3　冬小麦测土配方施肥生命周期人体毒性减缓潜力

根据标准化后的各种环境效益指数来看（图 3-4），测土配方施肥实现的富营养化减缓效益最为显著，效益指数平均达 0.069 0，表明通过测土配方施肥，生产每吨冬小麦实现的富营养化污染物减排潜力相当于 2000 年世界人均富营养化影响潜力的 6.90%，其中 2006—2007

年度更是高达 17.26%。测土配方施肥项目的环境酸化减缓和节能效益也较为显著，其效益指数分别为 0.013 5 和 0.008 9，此外还具有一定的节地和温室效应减缓效果。测土配方施肥的环境效益总体上呈下降趋势，氮肥减量使用的贡献越来越小，磷肥合理使用的环境效益有所上升，这是由于通过测土配方施肥项目的示范，习惯区的农民也改善了其氮料管理措施，尤其是化肥氮肥的使用趋于理性化，表明测土配方起到了较好的示范与辐射推广作用。

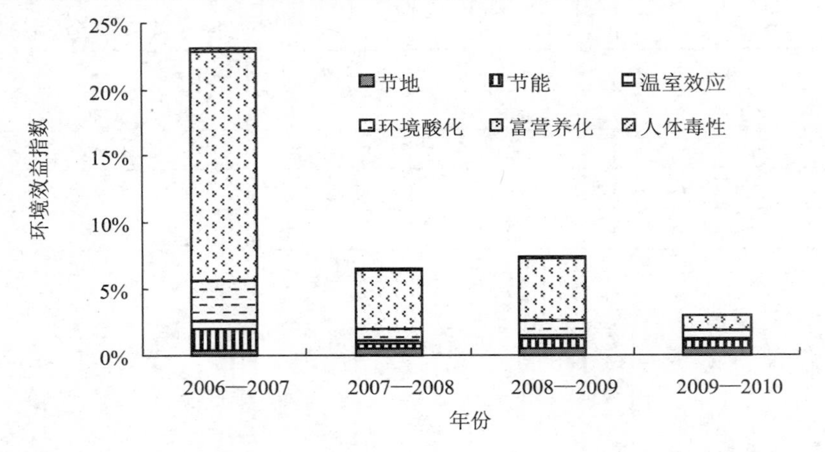

图 3-4 冬小麦测土配方施肥生命周期环境效益指数

（3）评价结论

第一，测土配方施肥项目在保障单产的前提下减少了化肥尤其是化学氮肥的总用量，氮、磷、钾投入比例更加合理，保证了冬小麦单产的稳步提高，年增产幅度达 4.63%～9.39%，还显著提高了肥料利用效率，从而显著减少了与氮、磷生命周期有关的各类污染物的排放量，其中 TN 和 TP 削减率分别达 1.36%和 4.90%。

第二，测土配方施肥通过降低氮、磷肥使用量不仅显著减少了作物种植单元的 NH_3 挥发、NO_3^--N 淋失以及 TP 的流失，还通过需求关系减少了对上游化肥生产的需求，从而减缓了化肥生产单元的环境酸化、能源耗竭、温室效应及人体毒性影响。研究区冬小麦测土配方施肥实现的富营养化减缓效益最为显著，生产每吨冬小麦实现的生命周期富营养化污染物减排潜力相当于2000年世界人均富营养化影响潜力的 6.90%，其次是环境酸化和能源耗竭的减缓效益，分别为 1.35%和 0.89%。

第三，研究区测土配方施肥效益总体上呈下降趋势，氮肥减量使用的贡献越来越小，而磷肥减量使用的贡献则比较稳定，表明常规施肥区农户在化学氮肥使用上趋于理性化，但磷肥使用还存大较大的减量空间。应加强对农民的科技培训，降低磷肥用量，减缓磷素损失的环境影响。

3.2.2　聊城市夏玉米测土配方施肥的环境效益评价

3.2.2.1　材料与方法

参考 ISO（世界标准化组织）提出的 LCA 原则与框架，本书对测土配方施肥行动生命周期环境效益的评价由以下 3 个相互关联的步骤组成，即目标定义与范围界定、清单分析和效益评价。

（1）研究对象、目标定义与范围界定

研究区聊城市位于山东省西部，属暖温带季风气候，四季分明，光照充足，年平均降水量 600～650 mm，土质良好。全市总人口 558 万人，总面积 8 590 km^2，耕地面积 5 533 km^2。聊城是农业大市，是国家重要的粮食生产区，耕作制度多为两年三熟或一年两熟。自 2006 年开始实施测土配方施肥项目以来，小麦和玉米测土配方施肥面积分别由 2006 年的 $6.2\times10^4hm^2$ 和 $2.0\times10^4hm^2$ 上升至 2009 年的 $25.2\times10^4 hm^2$ 和 $21.4\times10^4hm^2$。

本书以聊城市 2006—2009 年玉米测土配方补贴项目为典型研究对象。研究的起始边界从与玉米生命周期有关的矿石和能源开采开始，终止边界为农田种植单元输出玉米和污染物，全过程仅考虑受施肥影响的生产单元及其资源与环境影响类型。以生产 1 t 玉米为评价的功能单元，对测土配方施肥区和常规施肥区的玉米生产体系生命周期资源与污染物排放进行清单分析。在此基础上，以常规施肥区玉米为参照体系，进行测土配方施肥项目的净环境效益评价，分析测土配方施肥项目对各类环境效益的贡献，寻求进一步改善的途径与措施，为提高测土配方施肥项目的实施效果提供决策依据。

依据玉米的生命周期生产过程，把研究对象分为 4 个单元，即原料开采单元、化肥生产单元、作物种植单元和运输单元。因为本研究侧重研究测土配方施肥相对于常规施肥而产生的环境效益，因此各单元仅考虑与肥料生命周期有关的活动及产生的输入输出。原料开采单元的主要影响包括与化肥生产原材料有关的矿石和化石能源开采及其引起的能源与资源消耗及其污染排放。化肥生产单元的影响包括氮、磷、钾肥生产过程导致的大量能源消耗和废水、废气及污染物排放。作物种植单元的影响是施肥引起的径流、淋溶、硝化-反硝化、挥发等过程的污染物排放。运输单元考虑化肥及其生产原料在运输过程中的燃料消耗及由此产生的尾气排放。各相关的厂房设备、建筑设施、运输工具生产的影响由于数据缺乏不予考虑。

（2）清单分析

种植单元的数据资料来自聊城市农业局提供的测土配方示范项目的统计结果。研究区中习惯施肥区（CFA）和测土配方施肥项目示范区（PDA）玉米生产体系的施肥和生产统计结果见表 3-4。

表 3-4　2006—2009 年聊城市玉米施肥与单产

类别	年份	N/（kg/hm^2）	P/（kg/hm^2）	K/（kg/hm^2）	单产/（kg/hm^2）
CFA	2006	298.50	52.50	30.00	6 405.00
	2007	267.12	105.58	54.68	6 904.55
	2008	241.79	72.16	36.14	7 080.00
	2009	209.92	103.07	31.92	7 176.05
PDA	2006	225.75	58.25	66.15	6 870.00
	2007	210.24	52.41	56.03	7 224.39
	2008	203.13	66.78	54.59	7 744.93
	2009	186.41	52.88	55.54	7 752.01

化肥生产单元的水污染物排污系数采用第一次全国污染源普查推荐的排污系数，原料开采单元和运输单元的能源消耗与排污系数以及化肥生产单元的能耗与大气污染物排污系数来自苏洁、狄向华等的研究结果。种植单元施肥环节的污染物排放量由于受自然地理条件影响而具有一定的区域差异性和不确定性，因此其排污量的计算需综合考虑自然地理条件和耕作管理措施的双重影响。本研究基于国内外公开发表文献、有关机构在华北平原开展的原位观测试验以及第一次全国污染源普查结果，确定各种污染物的排污系数并依据研究区自然条件与耕作管理措施进行调整校正。NH_3 挥发与肥料类型、土壤 pH、土壤类型和气候状况有关，华北平原农田 NH_3 挥发率在 10%～30%，本研究中，基肥取 5%，追肥取 20%，基追肥比例为 1∶1.4。N_2O 排放是硝化与反硝化综合作用的结果，它与耕作措施、生物过程、土壤特征和气候状况有着密切的关系。本书依据聊城市土壤与气候条件及有关文献，确定化学氮肥的 N_2O 排放系数为 0.5%，有机肥为 1%。种植环节氮、磷流失量与降雨强度、作物类型、农业耕作管理方式以及土壤理化性质等密切相关，本研究采用第一次全国污染源普查采用的排污系数法进行清单分析。即，肥料流失量=对照流失量＋肥料使用量×肥料流失率。其中，对照流失量为不施肥料时的流失量。对照流失量和肥料流失率来自环保部污染源普查办发布的农业源系数手册。关于径流损失，TN 的对照流失量取 4.42 kg/hm^2，肥料流失率取 0.95%；TP 的对照流失量取 3.17 kg/hm^2，肥料流失率取 0.375%。关于淋溶损失，由于 TP、NH_4^+-N 侧向和垂向移动性差，因此仅考虑 NO_3^--N 的淋失，对照流失量取 12.6 kg/hm^2，肥料流失率取 0.8%。

（3）效益评价

参考 ISO 的生命周期评价框架，把效益评价分为特征化与标准化两个过程。特征化中，把常规施肥和测土配方施肥条件下的玉米生命周期资源与环境影响类型特征化为能源耗竭（ED）、农用地占用（ALO）、温室效应（GE）、环境酸化（AC）、富营养化（AE）和人体毒性（HT）6 种类别。能源消耗以吨玉米生命周期的化石能源消耗量表征，土地占用以吨玉米生产占用的土地面积和时间来表征。在污染物的特征化中，同类污染物通过当量系数转换为参照物的环境影响潜力。以常规施肥区玉米的生命周期资源环境影响潜力与测土配方施肥区玉米生命周期资源环境影响潜力的差值来表示由于测土配方施肥而实现的生命周期环境净效益。其中，NO_x 和 NH_3 两种气态污染物同时有着环境酸化和富营养化影响，主要通过干湿沉降回归地表，只有部分进入水域，因此在计算富营养化潜力时，需考虑进入水域的污染物比例。本书根据聊城市水域面积比例状况，假定 NO_x 和 NH_3 排放量中 1/3 进入水域产生富营养化影响，2/3 回归地表后部分通过径流和淋溶进入水域，这部分影响包含在氮素的地表径流和淋溶损失中，不再重复计算。

标准化过程主要是建立标准化基准作参照值，目的是对各种环境影响类型的相对大小提供一个可比较的评价标准。本研究采用 2000 年世界人均环境影响潜力作为环境影响基准进行标准化处理。2000 年世界人均 ED、ALO、GE、AC 和 AE 潜力分别为 41 215.63 MJ、5 448.50 m^2、7 941.61 kg（CO_2 当量）、52.50 kg（SO_2 当量）、1.90 kg（PO_4^{3-}当量）和 198.13 kg（1,4-DCB 当量）。由于权重确定具有较大的主观性，本书不对各种不同的效益进行加权评估。

3.2.2.2 结果与分析

（1）清单汇总

聊城市 2006—2009 年 CFA 和 PDA 玉米生命周期的资源消耗量与污染物排放量见表 3-5。玉米施肥生命周期消耗的能源包括煤炭、天然气、电力、汽油和柴油等。其中化肥生产单元消耗的能源最多，这是由于化肥尤其是氮肥是能源密集型产品，也与我国化肥行业能耗偏大有关。农用地占用影响主要来自于玉米的种植，其大小取决于单位面积产量和作物生育期的长短，单产高、生育期短则农用地占用影响小。玉米施肥生命周期排放的污染物主要包括含碳、含氮、含硫和含磷的污染物。含氮污染物种类最多，其排放量与氮肥施肥水平直接相关。含硫污染物主要来自燃料燃烧，由于氮肥是能源密集型产业，因此，随着施氮量的增加，含硫污染物排放也呈明显上升趋势。COD 主要来自化肥生产单元和原料开采单元废水排放，因此，也与化肥使用量直接相关。CO_2 的排放主要来自高能耗的氮、磷、钾肥的生产过程。测土配方施肥由于显著减少了氮、磷、钾的使用量，因由其生命周期能耗与污染物排放强度均显著小于习惯施肥区。此外，测土配方施肥还具有一定的增产效应，因此，其农用地占用也相对较小。

表 3-5　聊城市玉米生命周期清单分析汇总

项别	CFA				PDA			
	2006	2007	2008	2009	2006	2007	2008	2009
资源消耗量								
能源消耗/（MJ/t）	4 105.00	3 498.00	2 976.00	2 688.00	2 909.00	2 557.00	2 356.00	2 146.00
农用地占用/（m^2/a）	513.30	476.16	464.36	458.14	478.55	455.08	424.49	424.11
污染物排放量								
CO/（kg/t）	0.38	0.32	0.28	0.25	0.27	0.24	0.22	0.20
N_2O/（kg/t）	1.05	0.83	0.73	0.66	0.69	0.63	0.56	0.53
CO_2/（kg/t）	340.64	283.79	244.27	216.41	238.60	210.14	192.08	175.53
CH_4/（kg/t）	2.41	2.12	1.83	1.63	1.77	1.56	1.43	1.30
SO_2/（kg/t）	1.54	1.23	1.01	0.95	1.01	0.88	0.83	0.75
NO_x/（kg/t）	1.41	1.23	1.05	0.95	1.01	0.89	0.82	0.74
NH_3（kg/t）	6.03	5.56	4.91	4.20	4.72	4.18	3.47	3.46
NO_3^--N/（kg/t）	2.30	2.13	2.05	1.99	2.10	1.98	1.82	1.82
NH_4^+-N/（kg/t）	0.02	0.02	0.01	0.01	0.01	0.01	0.01	0.01
TN/（kg/t）	1.09	1.01	0.95	0.89	0.96	0.89	0.80	0.80
TP/（kg/t）	0.56	0.52	0.49	0.50	0.49	0.47	0.44	0.43
COD/（kg/t）	0.03	0.03	0.02	0.02	0.02	0.02	0.02	0.02
PM_{10}/（kg/t）	2.07	1.14	0.86	0.83	1.04	0.88	0.83	0.78

（2）效益评价

① 资源节约效应

聊城市 2006—2009 年节地和节能效益见图 3-5。测土配方施肥区玉米增产幅度在 4.63%～9.39%，使生命周期实现节地 34.04～39.87 m^2/a。由于测土配方施肥的增产效应存在一定的年际间波动，因此节地效益也呈现出相同的变化趋势。玉米施肥生命周期能耗大部分产生于高能耗的化肥生产单元，因此节能效益取决于化肥尤其是化学氮肥的投入强度和单产水平。2006—2009 年聊城市通过测土配方施肥，钾肥投入量有较大提高，但高能耗的氮肥投入强度大幅减少，降幅达 11.07%～24.36%，磷肥除 2006 年有小幅上升外，其他 3 年的降幅达 8.58%～46.02%。测土配方施肥通过大幅降低氮肥使用量而显著降低了其玉米生命周期能耗影响。玉米测土配方施肥的节能效益达 552～1 526 MJ/t，近 4 年来节能效益则有逐年下降的趋势，主要是由于习惯施肥区与测土配方示范区的氮肥施用量差距越来越小。

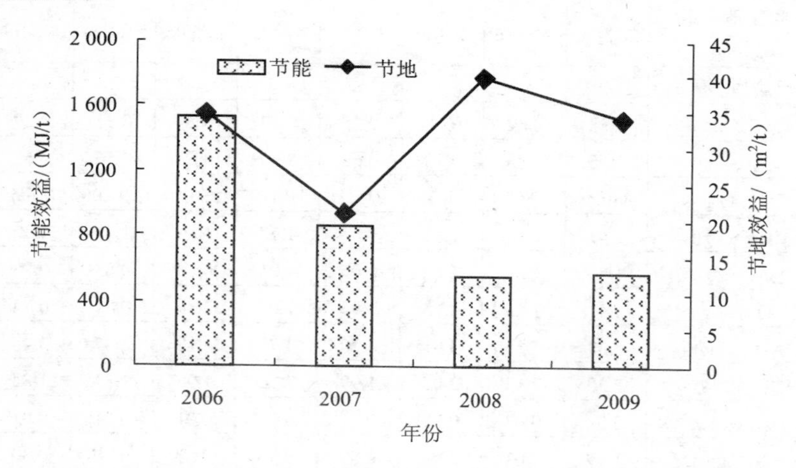

图 3-5　玉米测土配方施肥生命周期资源节约潜力

② 污染物减排效应

玉米施肥生命周期富营养化污染物包括化肥生产单元排放的 NH_3 和作物种植单元排放挥发的 NH_3、径流损失的 TN 和 TP 及淋溶损失的 NO_3^--N，原料开采单元和化肥生产单元排放的 NH_4^+-N 和 COD（表 3-6）。由表 3-6 可知，测土配方施肥对富营养化影响的减缓效益主要来自于种植单元的减排作用。2006—2009 年通过测土配方施肥，单位评价单元实现富营养化减缓效益达 0.38～0.64 kg（PO_4^{3-}当量），NH_3 和 TP 减排对玉米生命周期富营养化影响的减缓贡献最大，两者之和对玉米生命周期富营养化影响减缓的贡献达 58.51%～71.28%。从年份来看，2006 年实现的富营养化减缓效益最大，这是由于 2006 年测土配方施肥区虽然磷肥用量有所增加，但大幅度减少氮肥的用量，显著减少了 NH_3 的排放量，同时还实现了 7%的增产，使得单位评价单元的富营养化减缓效益较高。从时间上看，富营养化减缓效益越来越小，其中 NH_3 减排的贡献越来越小，但总 TP 减排的贡献年际间波动较大，表明习惯施肥区农户的氮素投入逐渐趋于理性，磷素投入还有减量的空间。

表 3-6　玉米测土配方施肥生命周期富营养化减缓潜力

单位：g（PO_4^{3-}当量）

年份	NO_x	NH_3	NO_3^--N	NH_4^+-N	TN	TP	COD
2006	0.022 3	0.407 5	0.089 5	0.002 5	0.129 2	−0.010 0	0.001 2
2007	0.013 5	0.208 1	0.057 5	0.001 2	0.083 7	0.146 9	0.000 7
2008	0.009 1	0.168 5	0.063 2	0.001 0	0.082 5	0.051 8	0.000 5
2009	0.009 5	0.130 1	0.045 9	0.000 8	0.057 0	0.151 9	0.000 4

玉米施肥生命周期环境酸化污染物包括化肥生产单元排放的 SO_2 和 NO_x 及种植单元排放挥发的 NH_3（图 3-6）。由图可知，测土配方施肥对环境酸化的减缓效益主要来自于种植单元的减排作用。2006—2009 年通过测土配方施肥，单位评价单元实现的环境酸化减缓效益达 1.86～5.65 kg（SO_2 当量），其中种植单元 NH_3 减排的贡献达 80.60%～86.49%。从年份来看，2006 年测土配方施肥实现的环境酸化减缓效益最大，这是由于测土配方施肥的环境酸化减缓效益主要来自 NH_3 的减排，2006 年测土配方施肥与常规施肥相比，显著降低了氮肥使用量，从而大幅度减少了 NH_3 的挥发。

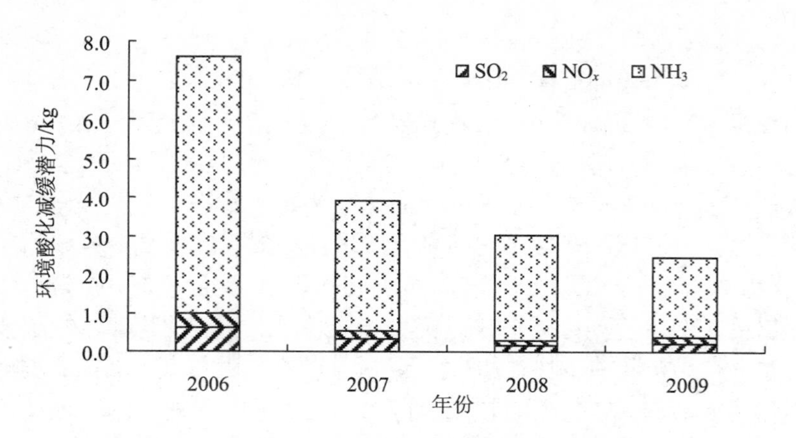

图 3-6 玉米测土配方施肥生命周期环境酸化潜力

玉米施肥生命周期温室效应污染物包括 CO、CO_2、CH_4和N_2O（图 3-7）。由图 3-7 可知，测土配方施肥对温室效应的减缓效益主要来自于 N_2O 和 CO_2 的减排作用，前者主要来自种植单元的氮素使用，后者主要来自化肥生产单元能源燃烧过程的排放。2006—2009年通过测土配方施肥，单位评价单元实现的全球变暖减缓效益达88.64～259.03 kg（CO_2 当量），其中 N_2O 减排的贡献达 42.75%～49.17%。2006—2009 年，实现的温室效应减缓效益越来越小，这是由于常规施肥与测土配方施肥之间在化学氮肥这种高能耗产品的使用量的差异越来越小，不仅在种植环节减少了 N_2O 的排放，还通过减少对化学氮肥的需求而减少了上游化肥生产单元的 CO_2 排放量。

玉米施肥生命周期人体毒性污染物包括化肥生产单元排放的 PM_{10}、SO_2和 NO_2及种植单元排放挥发的 NH_3（图 3-8）。由图 3-8 可知，测土配方施肥对人体毒性影响的减缓效益主要来自于 NO_2和 NH_3的减排作用。2006—2009 年通过测土配方施肥，单位评价单元实现的人体毒性污染物减排潜力 0.34～1.01 kg（1,4-DCB 当量），其中 NO_2 减排的贡献达 45.85%～56.85%。2006—2009 年，人体毒性污染物减排效益越来越小，呈现出节能效益、环境酸化污染物减排效益相同的趋势，这是由于人体毒性污染物排放与能源消耗、环境酸化污染物排放一样，同样主要来自化肥生产单元能源的燃烧。

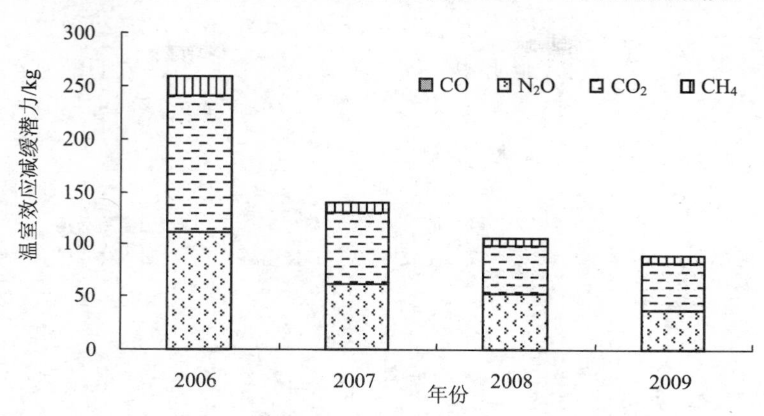

图 3-7　玉米测土配方施肥生命周期温室效应减缓潜力

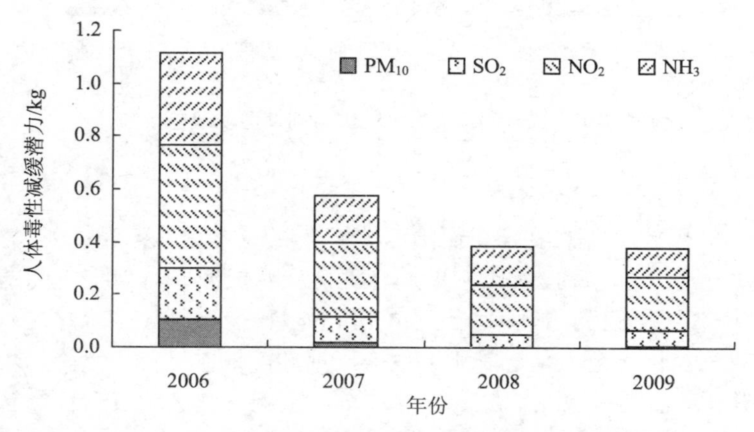

图 3-8　玉米测土配方施肥生命周期人体毒性减缓潜力

③ 标准化

从标准化后的各种环境效益指数来看（图 3-9），富营养化和环境酸化污染物减排效益最为显著，2006—2009 年富营养化和环境酸化减缓指数达 0.20～0.34，表明通过测土配方施肥，每吨玉米实现的富营养化和环境酸化污染物减排潜力分别相当于2000年世界人均富营养化影响潜力和环境酸化潜力的20%～34%和5%～15%。此外，测土配方施肥还表现出一定的节能、节地和温室效应减缓效益。从年份来看，测土配方施肥相对的环境效益越来越小，表明通过测土配方施肥项目的示范，习惯区的农民也改善了其肥料管理措施，测土配方起到了较好的示范与辐射推广作用。

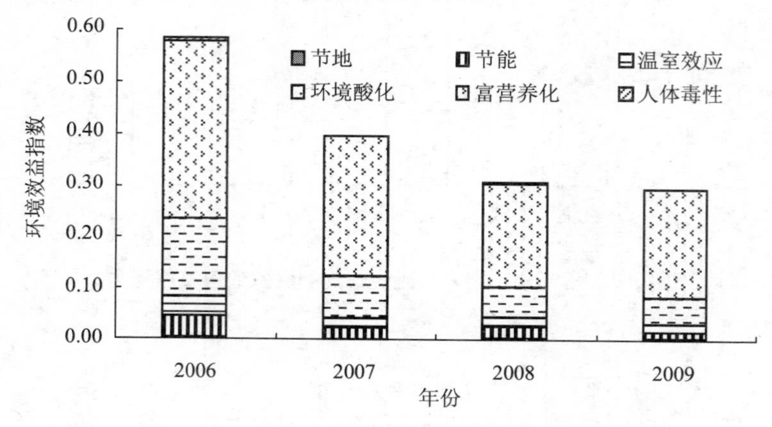

图 3-9 玉米测土配方施肥生命周期环境效益指数

3.2.2.3 结论与讨论

测土配方施肥项目在保障玉米单产的前提下减少了化肥的总用量，氮、磷、钾投入比例更加合理，从而保证单产稳步提高的同时，提高了肥料利用效率，显著降低了资源消耗量和污染物排放量。2006—2009年测土配方施肥的生命周期环境效益呈现出下降趋势，表明农户在肥料管理上趋于理性化，测土配方施肥项目示范起到了辐射推广作用。

富营养化是最显著的效益类型，项目示范区由于大幅减少了氮、磷肥的使用量而显著减少了NH_3挥发、NO_3^--N淋失以及TP的流失。环境酸化、温室效应与能源耗竭影响均与化肥生产单元中的化石燃料投入密切相关，测土配方施肥示范区由于化肥使用总量尤其是氮肥使用量较少以及增施有机肥而减少了对上游化学肥料生产的需求，从而降低了化肥生产单元的化石燃料投入量，进而减缓了这几种资源环境影响。此外，测土配方施肥由于提高了单产还具有一定的节地效益。

聊城市习惯施肥区玉米的肥料使用量依然较高，尤其是磷肥，应加强对农民的科技培训，降低磷肥用量，减少磷素径流损失。此外，还应鼓励使用有机肥、控释肥等，加强水肥综合管理，进一步提高氮肥的利用效率，它不仅有助于直接减少种植环节 NH_3 的挥发和 NO_3^--N 的淋失，同时还由于减少对氮肥的需求而减少了上游化肥生产单元的能源消耗与 CO_2、SO_2 等污染物的排放量，有助于进一步降低玉米生命周期环境影响总潜力。

3.2.3　清丰县夏玉米测土配方施肥项目生命周期评价

3.2.3.1　材料与方法

（1）研究对象、目标定义与范围界定

研究区选在地处黄河中下游鲁北平原南部地区的河南省清丰县，清丰县位于冀鲁豫三省交界处（东经 115°07′，北纬 35°54′），海拔 50 m，总面积 872 hm^2，耕地面积 547 hm^2。境内地势平坦，地下水源充沛。属温带大陆性季风气候，年平均气温 13.4℃，年均降雨量 700 mm。盛产小麦、玉米、棉花、花生、红薯等，是全国粮食生产先进县。

本书以清丰县 2006—2008 年玉米测土配方补贴项目为典型研究对象，对习惯施肥区（CFA）、项目示范区（PDA）和项目推广区（PEA）的玉米生产体系进行对比评价。前茬作物为小麦，收获后秸秆还田。研究区玉米生产体系的施肥和生产统计结果见表 3-7。

表 3-7　清丰县玉米测土配方施肥情况

类型区	N/（kg/hm^2）	P/（kg/hm^2）	K/（kg/hm^2）	产量/（kg/hm^2）
CFA	265	40	33	7 517
PDA	210	45	35	8 146
PEA	240	45	30	7 975

研究的起始边界从与玉米生命周期有关的矿石和能源开采开始，终止边界为农田作物种植输出农产品和污染物。以生产 1 t 玉米为评价的功能单元，分析生产 1 t 玉米的生命周期过程中能量和物质的投入、产出及对环境造成的影响，测土配方施肥项目的环境绩效，寻求减少玉米生命周期各阶段的资源消耗及污染物排放的途径与措施，为改善测土配方施肥项目的实施效果提供决策依据。

本书把研究对象分为 4 个子系统，即原料开采子系统、农用化学品生产子系统、农田种植子系统和运输子系统，简称原料子系统、农资子系统、种植子系统和运输子系统。原料子系统的主要影响包括矿石和化石能源开采等引起的能源与资源消耗及其污染排放。农资子系统的影响有农用化学品生产导致的大量能源消耗和废水、废气及污染物排放。种植子系统的影响包括整地、播种、灌溉、收获等田间管理措施引起的燃油、电力等能源的消耗及径流、淋溶、硝化-反硝化、挥发等过程的污染物排放；由于数据缺乏，本书没有考虑病虫害防治的影响。运输子系统考虑燃料消耗及由此产生的尾气排放。本书侧重研究区测土配方施肥项目的影响，因此各个子系统重点分析与化肥生产和使用密切相关的各个环节的资源与环境影响。各相关的厂房设备、建筑设施、运输工具生产的影响由于数据缺乏不予考虑。

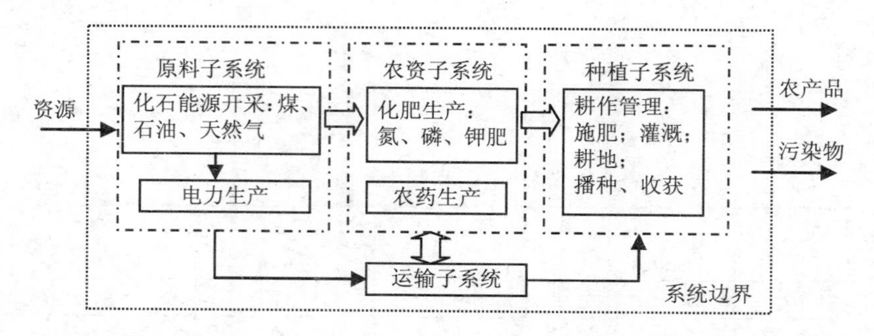

图 3-10　玉米生产体系生命周期评价系统界定

（2）清单分析

种植子系统的施肥、灌溉等田间耕作管理措施的数据资料来自清丰县农业局提供的测土配方示范项目的统计资料（表 3-7）。其他 3 个子系统的能源消耗和主要的大气污染物和水污染物包括 SO_2、CH_4、CO_2、CO、N_2O、COD、NH_4 和 NO_x 以及农田种植子系统的农机耗能产生的大气污染物，其排放系数来自国内公开发表文献。

农田污染物排放主要污染物包括农业机械耗能产生的大气污染物和农田氨挥发、硝化-反硝化、地表径流以及淋失等过程排放的 NH_3、N_2O、TN、TP、NO_3^--N 等，由于受自然地理条件影响而具有一定的区域差异性和不确定性，因此种植阶段与碳、氮有关的各种土壤-植物系统排污系数的选择确定最为重要。本书根据国内外研究机构在华北平原开展的相关观测报道和清丰县的气候、土壤、水文等因素进行系数选择、校正与确定。

NH_3 挥发与肥料类型、土壤 pH、土壤类型和气候状况有关，华北平原农田 NH_3 挥发率在 10%～30%，本书取 20%。N_2O 排放是硝化与反硝化综合作用的结果，它与耕作措施、生物过程、土壤特征和气候状况有着密切的关系。IPCC 推荐 N_2O 排放系数为施氮量的 1.25%，本书依据清丰县土壤与气候条件和有关学者在华北平原的观测结果，确定 N_2O-N 排放系数为 0.5%，再根据分子量关系折算为 N_2O 排放系数。农田径流损失的 TP、TP 排污系数参考当地污染源普查中采用的肥料流失系数分别取 3%和 1.5%。土壤 NO_3^--N 淋失量与灌溉、降雨、施肥和土壤特征等因素有关，本书采用土壤氮素平衡法进行估算。

（3）影响评价

影响评价主要是对识别出的环境影响进行定性或定量的表征评价，即确定研究对象的资源消耗与污染物排放及其对外部环境的影响，一般分为特征化、标准化和加权评估 3 个步骤。本书把玉米的资源与环境影响类型特征化为能源耗竭（ED）、农用地占用（ALO）、温室效应（GE）、环境酸化（AC）和富营养化（AE）5 种类别。能源消耗以单位评价单元的能量消耗量表征，土地占用以单位评价单元占用的土地面积和时间来表征。在污染物的特征化中，同类污染物通过当量系数转换为参照物的环境影响潜力。以 CO_2 为参照物转换为全球变暖潜力（以 CO_2 当量表示），CH_4、N_2O 和 CO 的当量系数分别为 21、310 和 2。NO_x 和 NH_3 同时具有环境酸化潜力和富营养化潜力，环境酸化潜力以 SO_2 为参照物，NO_x 和 NH_3 的当量系数分别为 0.7 和 1.89；富营养化潜力以 PO_4 为参照物，NO_x、NO_3^--N、NH_3、NH_4、TN 和 TP 的当量系数分别为 0.1、0.42、0.35、0.33、0.42 和 3.06。在标准化中，为了将全球性、地区性以及局地性影响在同一水平上进行比较，本研究采用 2000 年世界人均环境影响潜力作为环境影响基准进行标准化处理（表 3-8）。由于权重确定具有较大的主观性，本书不进行加权评估。

表 3-8　玉米生命周期评价基准

环境影响类型	单位	基准值
能源耗竭	MJ/a	56 877.88
农用地占用	m^2/a	54 406.69
温室效应 [a]	kg/a	7 192.98
环境酸化 [b]	kg/a	56.14
富营养化 [c]	kg/a	10.70

注：a. 以 CO_2 当量计；b. 以 SO_2 当量计；c. 以 PO_4 当量计。

（4）生命周期解释

生命周期解释是识别、评价并选择能减少研究系统整个生命周期内资源消耗与环境污染物释放的环节和措施的过程，如调整生产要素投入水平与投入结构、改进化肥生产工艺或改善农田耕作管理措施等，主要任务是识别、评价和选择减少环境影响或负荷的方案，确定减少资源消耗和环境排放的途径。

3.2.3.2　结果分析

（1）清单汇总

清丰县玉米生命周期各资源消耗量与污染物排放量见表 3-9。玉米生命周期消耗的一次能源有煤炭、重油、汽油、柴油和天然气等，农用地占用影响仅发生于种植子系统。污染物主要包括含碳、含氮、含硫和含磷的污染物。从表 3-9 可以看出，能源消耗、农用地占用以及大多数污染物的排放量均为项目示范区＜项目推广区＜习惯施肥区。能源消耗量主要受化肥用量的影响，农用地占用影响则取决于产量。含氮污染物种类最多，它与氮肥施肥水平直接相关。含硫污染物主要来自燃料燃烧，由于 3 个分区中除了氮肥外其他管理措施差异较小，而氮肥是能源密集型产业，因此，随着施氮量的增加，含硫污染物排放也呈明显上升趋势。COD 主要来自农资阶段和原料阶段废水排放，因此，也与氮肥使用量直接相关。习惯施肥区由于磷肥用量最小，其单位评价单元的生命周期 TP 排放量也最少。CO_2 的排放主要来自高能耗的氮、磷、钾肥的生产过程和农机燃料的使用过程，习惯施肥区由于化肥总用量最高，因此其评价单元的生命周期 CO_2 排放量也相应地最高。

表 3-9　玉米生命周期清单分析汇总

类型区	ECV[a]/（MJ/t）	ALO[b]/（m^2/a）	CO/（kg/t）	N_2O/（kg/t）	CO_2/（kg/t）	CH_4/（kg/t）	SO_2/（kg/t）
PDA	2455	404	0.22	0.60	193.50	1.36	0.74
PEA	2792	412	0.26	0.70	222.09	1.57	0.84
CFA	3207	437	0.30	0.82	257.01	1.82	0.96
类型区	NO_x/（kg/t）	NH_3/（kg/t）	NO_3^--N/（kg/t）	NH_4/（kg/t）	TN/（kg/t）	TP/（kg/t）	COD/（kg/t）
PDA	0.89	6.43	2.68	0.55	0.13	0.13	1.03
PEA	1.02	7.51	5.06	0.64	0.15	0.13	1.15
CFA	1.17	8.80	7.90	0.75	0.18	0.12	1.26

注：a. 能耗消耗；b. 农用地占用。

（2）影响评价

① 资源消耗

农用地占用影响主要取决于单位面积产量和作物生育期的长短。其差异主要受单位面积产量的影响，项目示范区玉米测土配方施肥提高了单产，因此其单位评价单元的农用地占用潜值相对较低。

玉米生命周期能源耗竭潜力见表 3-10。农产品生命周期的能源主要包括农田机械耕作以及运输等过程直接消耗的柴油、汽油的能源和化肥、农药等生产过程间接消耗的能源。从表 3-10 可以看出，习惯施肥区、项目示范区和项目推广区玉米的生命周期能源耗竭力均主要发生在农资阶段，这与化肥是能源密集型产业有关，也与我国化肥工业能耗偏大有关。化肥中氮肥生产的单位能耗最高，项目示范区由于大幅减少了氮肥的使用量而使得能源消耗影响显著减少。

表 3-10 玉米生命周期能源耗竭潜力

类别	原料子系统	农资子系统	种植子系统	运输子系统
习惯施肥区	66.00	2 072.00	288.00	28.28
项目推广区	77.00	2 389.00	294.00	32.35
项目示范区	89.00	2 769.00	312.00	37.33

② 环境排放

玉米生命周期环境酸化污染物包括 SO_2、NO_x 和 NH_3（图 3-11）。习惯施肥区、项目推广区和项目示范区玉米生命周期环境酸化总潜力依次为 18.40 kg、15.75 kg 和 13.32 kg（SO_2 当量）。由图 3-11 可知，环境酸化的主要污染物为 NH_3，其挥发对 3 个分区玉米生命周期环境酸化潜力的贡献率分别为 90.36%、90.15%和 89.93%。NH_3 挥发发生在种植子系统，施氮量越高，NH_3 挥发量越大。项目示范区和推广区由于减少了氮肥的投入量，减少了 NH_3 挥发量，因此其生命周期环境酸化潜力也显著降低。

玉米生命周期富营养化污染物主要来自田间 NO_3^--N 淋失和 NH_3 挥发（图 3-12）。习惯施肥区、项目推广区和项目示范区生产 1 t 玉米生命周期富营养化总潜力分别为 7.69 kg、5.95 kg 和 4.46 kg（PO_4 当量）。由图 3-12 可知，在施肥量较高的习惯施肥区，主要污染物是 NO_3^--N，其次是 NH_3，两者对玉米生命周期富营养化总潜力的贡献率分别为 45.01%和 41.78%；而在施肥量相对较低的项目推广区和项目示范区，主要污染物则是 NH_3，它对 2 个分区玉米生命周期富营养化总潜力的贡献率分别为 46.32%和 53.31%。这是由于相对 NH_3 挥发，随着施氮量的增加，NO_3^--N 的淋失率增幅更大。因此，在施氮量较高的习惯施肥区，控制农田 NO_3^--N 淋失是控制玉米生命周期富营养化影响的关键。对于测土配方施肥示范区和推广区，控制氨挥发则可进一步减缓富营养化影响。

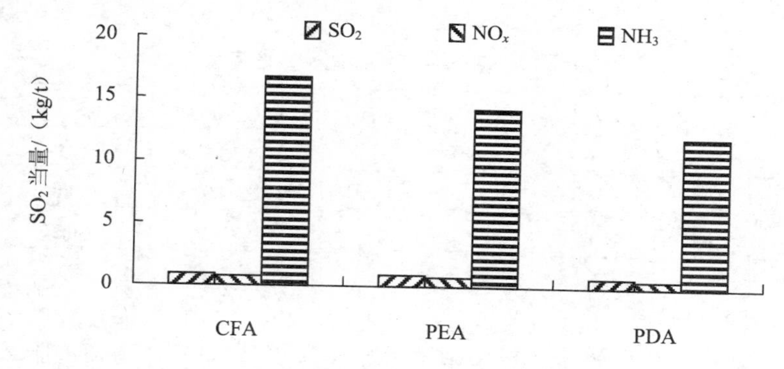

图 3-11　玉米生命周期环境酸化潜力

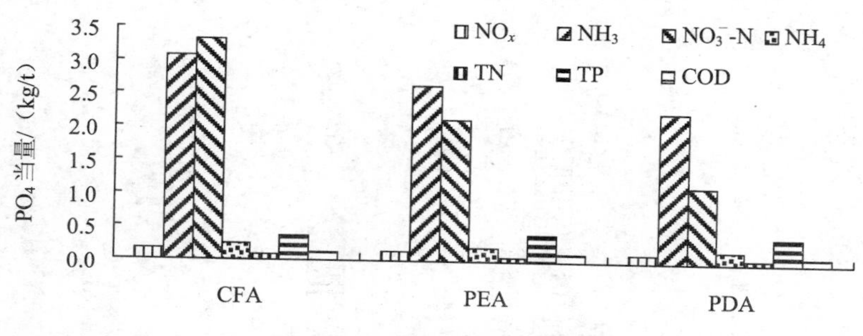

图 3-12　玉米生命周期富营养化潜力

玉米生命周期温室效应污染物包括 CO、CO_2、N_2O 和 CH_4（表 3-11），习惯施肥区、项目推广区和项目示范区生产 1 t 玉米生命周期温室效应总潜力依次为 551.44 kg、473.73 kg 和 409.39 kg（CO_2 当量）。玉米生命周期温室效应主要影响因子为 CO_2，它主要来源于农资生产环节能源的大量使用，3 个分区中其排放贡献率分别占玉米生命周期全球变暖潜力的 46.61%、46.88%和 47.21%。N_2O 的排放量虽然小（表 3-11），但由于其相对 CO_2 的当量系数高达 310，因此对玉米生命周期温室效应潜力的贡献也很大，3 个分区中 N_2O 的贡献率分别达 46.36%、46.07%和 46.57%。因此，必须同时实现 CO_2 和 N_2O 减排才能显著减缓玉米生命周期温室效应影响。

表 3-11　玉米生命周期温室效应潜力

	CO/（kg/t）	N_2O/（kg/t）	CO_2/（kg/t）	CH_4/（kg/t）
习惯施肥区	0.61	255.72	273.13	40.08
项目推广区	0.53	218.31	237.28	34.66
项目示范区	0.46	187.04	208.37	30.21

③ 标准化

从标准化后的各种环境影响指数来看（图 3-13），习惯施肥区、项目推广区和项目示范区玉米的生命周期环境影响指数依次降低，其中，富营养化是最主要的影响类型，其后依次是环境酸化、温室效应、能源耗竭和农用地占用。

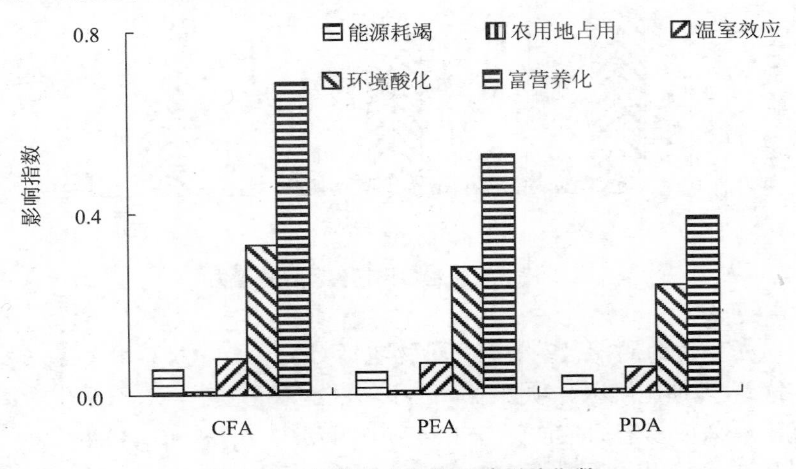

图 3-13　玉米生命周期环境影响指数

（3）生命周期解释

项目示范区和推广区通过测土配方施肥在保障单产的前提下减少了化肥的总用量，从而显著降低了资源消耗量和污染物排放量，使得单位玉米生命周期资源消耗与污染物排放量显著减少。富营养化是玉米生命周期最主要的影响类型，主要污染物来自种植阶段化肥使用引起的 NH_3 挥发和 NO_3^--N 淋失，其中，NH_3 还是导致环境酸化的重要污染物。项目示范区由于大幅减少了氮肥使用量而显著减少了 NH_3 挥发和 NO_3^--N 淋失。温室效应与能耗耗竭均主要取决于化石燃料的利用，项目示范区由于化肥使用总量尤其是氮肥使用量较少而降低了这两种影响。农用地占用影响最小则与 3 个分区玉米生产的集约化程度都比较高有关，单产水平都较高，使得单位农产品占用的农用地面积相对较小。

3.2.3.3　结论与讨论

（1）结论

清丰县测土配方施肥项目中习惯施肥区、项目推广区和项目示范区玉米生命周期能源消耗和农用地占用以及大部分污染物的排放量均依次降低，3 个分区中各类环境影响指数均依次降低。其主要原因是通过测土配方施肥的示范和推广，氮、磷、钾投入比例更加合理，从而保证单产稳步提高的同时，还显著提高了肥料利用效率，尤其是氮肥使用量的减少和利用效率的增加显著减少了各类污染的排放量。

习惯施肥区、项目推广区和项目示范区中富营养化均为最主要的影响类型，其次是环境酸化、温室效应、能源耗竭和农用地占用。富营养化的主要污染物是种植子系统排放的 NO_3^--N 和 NH_3。因此，提高玉米地氮素利用效率是控制玉米生命周期环境影响和改善测土配方施肥环境效益的关键环节，它不仅有助于直接减少农田氮素的损失及其污染影响，也有助于间接减少上游生产环节能耗消耗、温室效应和环境酸化。

（2）讨论

清丰县玉米测土配方施肥项目示范区与推广区的化肥氮肥使用

量依然较高，可通过选择使用控释肥、有机肥、加强水分管理等途径有望进一步减少化肥氮肥使用量并提高其利用效率，它不仅有助于直接减少种植环节化肥的消耗量和各种污染物排放量，尤其是减少 NO_3^--N 的淋失和 NH_3 的挥发，同时在很大程度上有助于间接减少氮肥的需求量，从而减少了上游原料阶段和农资阶段的能源消耗与 CO_2、SO_2 和 NH_3 等污染物的排放量，进而降低玉米生命周期环境影响总潜力。

3.2.4 宁夏回族自治区测土配方施肥项目政策评价

（1）自治区概况

宁夏是我国 5 个少数民族自治区之一，位于西北地区东部，黄河中上游，与内蒙古自治区、陕西省、甘肃省毗邻。地理坐标为东经 104°17'～107°40'，北纬 35°14'～39°23'。海拔高度 1 100～2 300 m。土地总面积 6.64 万 km^2。现辖 5 个地级市、22 个县、市（区），14 个农垦农场。按照自然地理条件和经济社会发展水平，全自治区可分为北部引黄灌区、中部干旱带和南部山区三大板块。北部引黄灌区含惠农区、平罗县、大武口区、贺兰县、兴庆区、金凤区、西夏区、永宁县、灵武市、青铜峡市、吴忠城区、中宁县、中卫城区 13 个县、市（区）。黄河流经 397 km，有 2 000 多年灌溉史的银川平原地势平坦，土地肥沃，素有“塞上江南”、“西部粮仓”的美誉。中部干旱带含同心县、盐池县、海原县、红寺堡及中卫、中宁的部分地区，属半农半牧区，雨少风大沙多，十年九旱，生态极为脆弱。南部山区含西吉县、隆德县、原州区、彭阳县、泾源县 5 县（区），属黄土高原丘陵区，水土流失严重，部分地域阴湿高寒，是国家重点扶贫开发地区之一。

宁夏属大陆性气候。基本特点是日照长，太阳辐射强，干旱少雨，蒸发强烈，风沙大，气温多变，年、日差较大。无霜期短，年际多变。平均年降水量 180～650 mm，由南向北递减，固原市在 400 mm 以上，泾源县达 650 mm，中部和北部为 300～180 mm。降水分布极不均匀，6—9 月的降水量占全年降水量的 30%左右，3—5

月的降水量仅占全年降水量的 10%～20%。宁夏可能蒸发量为 650～1 000 mm，自南而北蒸发量和干燥度增大。

宁夏位于黄河上中游，除中卫甘塘一带为内流区外，其余地区皆属黄河流域，盐池县东部为流域内之必流区，是鄂尔多斯内流区一部分。宁夏具有灌溉条件的耕地面积为 744 万亩，占全区总耕地面积的 44.4%。主要采用引黄灌溉和库井灌溉两种方式。其中引黄灌溉面积为 691 万亩，占全区灌溉总面积的 93%；库井灌溉面积为 53 万亩，占全区灌溉总面积的 7%。引黄灌溉分为自流灌溉和扬水灌溉，自流灌溉面积为 575 万亩，占全区引黄灌溉总面积的 83.2%，是我国四大自流灌区之一。扬黄灌溉面积 116 万亩，占全区引黄灌溉总面积的 16.8%。

自流灌区为古老灌区，分为青铜峡灌区和卫宁灌区。其中：青铜峡灌区 460 万亩（含周边小扬水），主要涉及宁夏北部惠农区、大武口区、平罗县、贺兰县、西夏区、金凤区、兴庆区、永宁县、灵武市、吴忠市、青铜峡市 11 个县（市、区）；卫宁灌区 1 万亩（含南山台子扬水），主要涉及宁夏中北部中卫和中宁 2 县（市）。扬黄灌区有陶乐灌区、盐池灌区、红寺堡灌区和固海灌区，主要涉及平罗县河东地区、盐池县、红寺堡开发区、同心县、海原县和原州区。库井灌区主要涉及海原县、原州区、西吉县、彭阳县、隆德县和泾源县。

宁夏耕地总面积 1 674 万亩。其中：粮食作物播种面积 1 290 万亩，占全区耕地总面积的 77.1%；油料作物种植面积 140 万亩，占 8.4%；特色优势作物种植面积占 14.5%。全自治区马铃薯种植面积最大，达 365 万亩，占全区粮食作物种植总面积的 28.5%，平均亩产 650 kg，折粮 130 kg。其次为小麦 331.4 万亩（其中：春小麦 210.6 万亩，冬小麦 120.8 万亩），占 25.6%，平均亩产 175.6 kg（其中：引黄灌区平均亩产 297.7 kg，山区平均亩产 76.6 kg）。全自治区玉米种植面积 287.8 万亩，占 22.2%，平均亩产 470 kg（套种玉米栽培面积约占 1/3）。水稻种植面积较小，为 108 万亩，占 8.4%，平均亩产 550 kg。全自治区小杂粮种植面积 197.8 万亩，占 15.3%，平均亩产 22.5 kg。

（2）项目概况

2005 年农业部在全国范围启动测土配方施肥项目，宁夏永宁县被列为农业部首批测土配方施肥试点补贴项目县，自治区以永宁县为核心，在自流灌区各县市粮食作物上积极推广测土配方施肥技术。2006 年宁夏平罗县、灵武市、中宁县列为农业部测土配方施肥补贴项目县，全自治区以 4 个农业部测土配方施肥补贴项目县为示范样板，在引黄灌区开展测土配方施肥工作，自治区党委和政府将测土配方施肥列为农民办理 10 件实事之一。自治区农牧厅也将测土配方施肥技术作为全自治区重大农业推广技术，自治区财政列专项支持非补贴项目县测土配方施肥工作。2006 年全区示范推广测土配方施肥技术 171 万亩，节本增收 5 028 万元。2007 年宁夏惠农区、贺兰县、吴忠市、青铜峡市、中卫市、海原县、原州区、西吉县、隆德县、农垦灵武农 10 个县（市、区、农牧场）列为农业部测土配方施肥补贴项目县，全自治区以 14 个农业部测土配方施肥补贴项目县为重点，在全区山区各县全面开展了测土配方施肥工作，自治区党委和政府将测土配方施肥列为全区群众办理的 30 件实事之一，自治区财政列专项支持自治区级农业科研院校、农技推广部门及非补贴项目县测土配方施肥工作。2007 年全自治区推广测土配方施肥技术 400 万亩，节本增收 1.38 亿元。2008 年宁夏彭阳县、兴庆区、同心县、盐池县 4 个县（市、区、农牧场）列为农业部测土配方施肥补贴项目县。至此，宁夏 18 个县市被列为农业部测土配方施肥补贴项目县，按照农业部规定项目县一定是五年的原则，永宁县为巩固县；平罗县、灵武市、中宁县、惠农区、贺兰县、吴忠市、青铜峡市、中卫市、海原县、原州区、西吉县、隆德县、农垦灵武农场为续建项目县；彭阳县、兴庆区、同心县、盐池县为新建项目县。2008 年自治区以农业部 18 个项目县为依托，在全区各县市及农垦农场等各种作物上全面示范推广测土配方施肥技术，自治区党委和政府将测土配方施肥列为全区群众办理的 30 件实事之一，自治区财政列专项支持自治区级农业科研院校、农技推广部门及非补贴项目县测土配方施肥工作。2008 年全区推广测土配方施肥技术 650 万亩，节本增收 1.85

亿元。

宁夏自 2005 年实施测土配方施肥项目以来，补贴项目县范围逐年扩大，由 2005 年的 1 个扩大到 2008 年的 18 个；项目示范推广力度逐渐加大，3 年（2006—2008 年）累计示范推广面积 1 221 万亩；财政投入逐年增加，2005—2008 年各级财政专项投入 3 340 万元，其中，中央财政资金 2 730 万元，自治区财政配套资金 610 万元（含农发资金 330 万元）；项目成效显著，3 年（2006—2008 年）全区总节本增收 3.73 亿元；基本摸清了全区耕地养分家底；初步建立了全区主要粮食作物及露地优势特色作物施肥技术指标体系；初步开发了自治区测土配方施肥专家推荐施肥系统；初步研发了 11 种作物 61 种专用配方肥；初步形成了企业参与测土配方施肥的运行机制；初步构建了以“政府主导、推广指导、科研支撑、企业参与、农民应用”的“五位一体”科学施肥体系。2007 年、2008 年测土配方施肥项目连续两年被自治区党委和政府列为全区群众办理的 30 件实事之一。测土配方施肥在全自治区形成了领导重视、社会关注、企业参与、农民欢迎的社会氛围。实践证明，测土配方施肥是一项投资少、见效快；农业需要、农民欢迎；多方协作、共同受益；部门主抓、社会认同的技术措施和惠农政策。

（3）政策措施

① 构建多种新的推荐施肥方式

自治区在推荐施肥方面采用建立示范区和项目区相结合的方式。为充分发挥示范区推荐施肥技术的效益，示范区建设突出“三个结合”。一是与高产创建示范活动相结合，合理施肥是促进粮食高产的关键措施之一，在粮食高产创建示范区应用测土配方施肥技术，农民在学习高产栽培技术的同时接受了高产配套的推荐施肥技术。二是与农民专业合作组织相结合。县农技部门统一取土测试，提供配方施肥建议卡，定点生产企业送肥上门，专业合作组织以较市场价便宜的价格用到配方肥，种植基地、合作社及种植大户通过全方位的服务，增强了科学施肥意识，逐步纠正了不良施肥习惯，走出传统的施肥误区，引导更多的合作社、更多的社员、更多的农民应用测土配方施肥技术。三是与科技示范户相结合：按照“专家进大户、大户带小户、农户帮农户”的示范推广思路，选择能接受新技术、能示范操作和能积极宣传的种田大户或种田能手，作为实施测土配方施肥项目的示范户，通过示范户带动当地农民接受应用测土配方施肥技术的自觉性。

在项目区推荐施肥方式上，创新了多种模式。一是配方卡指导模式：县农技中心统一取土化验，研制配方，印发配方卡，农户按卡购肥、配制、施用，是自治区测土配方施肥技术推广的主要模式。二是技企合作模式：各县农技中心取样化验、自治区专家组审定配方，定点生产企业加工配肥，销售网络定点供肥，农民按卡施用配方肥，县农技人员全程指导，实现“测、配、产、供、施”一体化服务，技术到位率高，增产增收效果好，是自治区测土配方施肥技术主推模式之一。三是产业化订单模式：针对酿酒葡萄、脱水蔬菜、水果、枸杞、粮食等特色种植业加工型的企业，探索应用了公司＋基地＋农户的农化服务模式。惠农、平罗、中宁等县市农技中心与自治区配方肥定点生产企业、农业产业化龙头企业、种植大户联动，县农技中心开展测土配方，经自治区专家审定，定点生产企业生产配方肥，种植大户按农业产业化龙头企业订单生产，在种植大户的生产基地，实行统一供种、统一测土、统一配方、统一供肥、统一供药、统一栽培管理、统一收购“七统一”，延伸服务链，巩固利益链，形成产业链，有力地促进了测土配方施肥技术推广应用。四是物化补贴模式：自治区大部分项目县在项目启动当年，建立了“以物化补贴配方肥，促测土施肥技术推广”的有效模式，免费送配方肥进村，对购买配方肥的农户给予适当的补贴，做到技术的实用化、简单化，实现技术物化服务，从而扎实有效地推进技术入户、保证测土配方施肥技术的入户率和到田率。五是智能服务模式：各地广泛应用自治区测土配方施肥专家推荐施肥系统，使测土配方施肥工作进入专家化、信息化层面。即时、高效地为农民进行不同区域和地块土壤养分现状查询和施肥技术指导服务，根据农民提供的产量目标现场打印施肥建议卡，变“专家配方”为“农民配方”，实现“电脑专家开处方，土地吃营养套餐”。各项目县还因地制宜创新了种植大户带动模式，整村推进模式，农民专业合作社参与模式，农技部门与肥料生产企业、龙头产品企业、种植大户互动模式，农民“点菜”模式和一次购肥模式等多种推荐施肥模式。

② 创新技术推广服务模式

配方肥是测土配方施肥技术的物化载体，是自治区测土配方施肥技术阶段性成果转化的实体，是提高测土配方施肥技术到位率的有效途径。为有效解决农业技术推广“最后一公里”的问题，提高测土配方施肥技术的覆盖率。自治区在配方肥的示范推广方面，一是提高配方肥标志性示范区建设标准。在全区各县市分地域、分作物建立配方肥标志性示范区，同时，采用定片区、定人员、定任务、定指导农户的“四定”技术承包责任制，确保配方肥到田、技术人员指导到田的技物双结合到位，真实展示配方肥的示范效果。二是制定配方肥配方施肥建议卡。各项目县发送给农民的施肥建议卡上，既有单质肥料配方施肥建议，又有配方肥配方施肥建议。2008年自治区配方肥定点生产企业——宁夏中农金合肥料公司印制了各种作物配方肥施肥建议卡10万份，由各县配送中心或农家店在农民购买配方肥的同时，发送到农民手中。

在配方肥推广方面采取多种方法齐头并进。一是宣传培训方法：全自治区各级农业部门广泛宣传发动，大张旗鼓地宣传引导农民应用配方肥，多形式、多层次开展技术培训。各县市充分利用广播、电视、互联网、电话等多种传播媒体以及现场会、技术讲座、墙体广告、科技赶集、科技入户、农民座谈、发施肥建议卡等多种形式，全方位、多角度、深层次开展配方肥的宣传推广。自治区连续两年在宁夏电视台公共频道宁夏新闻后黄金时段推出测土配方施肥公益广告，在农民购肥用肥时期连续滚动播出。自治区配方肥定点生产营销企业中农金合公司在各县市电视台推出了“配方肥”的宣传广告。各县农技人员积极配合自治区配方肥定点生产企业，加大对肥料营销员的宣传与培训，通过面对面技术指导，营销员、农民参与测土和田间试验示范等形式，为配方肥的推广应用创造良好的社会氛围。二是示范引导方法：通过建立配方肥标志性示范区和配方肥示范大户，用看得见、摸得着的示范方式，引导农民应用配方肥。3年来，全自治区各项目县通过建立遍及全县辖区的乡级千亩配方肥标志性示范区、村级百亩配方肥标志性示范区及配方肥试验田三个层次的配方肥试验示范区，极大地促进了配方肥的推广应用。三是物化补贴方式：自治区各项目县在立项当年，县农技人员与示范村村长、农技人员在联合举办示范区农民测土配方施肥技术培训班的基础上，采用配方肥物化补贴方式建立配方肥标志性示范区，引导农民施用配方肥，示范区农民凭购买配方肥发票，享受每亩补贴5～20元的配方肥补贴。通过亲自施用配方肥，示范区农民尝到配方肥带来的节本增收效益，第二年自己主动购买配方肥，由“被动补贴买配方肥”为“主动购买配方肥”，有利地推动了配方肥示范推广的进程。四是后续影响方法：是示范引导方法的延续。在配方肥标志性示范区的引导带动下，亲身感受了配方肥“节本增收、省工省事、质量优良、服务到位”的优势，示范区农民认准了配方肥，不仅是配方肥的长期用户，还是配方肥的宣传推广者。

在配方肥推广模式方面，基于配方肥定点生产企业自产自销、定购直销、定向供肥、送货上门4种模式的基础上，主推网络配送模式，依托自治区供销社控股的宁夏农资行业龙头企业、自治区配方肥定点生产企业——宁夏中农金合农业生产资料公司，充分利用其覆盖全区各县市乡镇村的44个配送中心1 345家农家店的农资连锁配送网络体系，建立“统一测配、定点生产、连锁供应、指导服务”的运行机制，实现技企结合和技物双结合，创新了配方肥推广应用的新机制。2008年上半年通过网络配送推广自治区开发研制的配方肥3.86万多t，创建了自治区配方肥年度销售的最高纪录。

③ 发放施肥建议卡与宣传培训

施肥建议卡是推广测土配方施肥技术的主要载体。按照科学、易懂、简单的原则，全自治区施肥建议卡分为无测土结果的区域施肥建议卡和有测土结果的田块配肥施肥建议卡。自2005年实施测土配方施肥项目以来，共发放区域施肥建议卡184.2万份，田块配肥施肥建议卡 2.6 万份，实现“一户一卡”或“一户多卡”。其中，2006 年发放区域施肥建议卡 28.37 万份；2007 年发放区域施肥建议卡 62.83 万份；2008 年发放区域施肥建议卡 93 万份，田块配肥施肥建议卡 2.6 万份。项目县因地制宜采用培训带施肥建议卡，县、乡、村干部逐级发放，测土田块直接发放到农户，张贴施肥建议卡，发送施肥建议卡贺年卡，肥料营销店发放等多种送卡入户形式。2007 年全自治区现场检查验收随机调查访问农户，项目推广区施肥建议卡入户率一般为 85%以上。

测土配方施肥是一项技术性很强的基础性工作，又是一项实用性很强的普及工作，宣传培训是提高测土配方施肥技术到位率的重要措施。自 2005 年以来，全自治区各级农业技术推广部门共举办自治区、县、乡镇及村级测土配方施肥技术培训班 6 001 期，培训技术骨干 1.64 万人（次），培训农民 111.79 万人（次），培训营销人员 7 525 人（次），印制发放培训资料 149.34 万份。印制发放施肥建议卡 184.20 万份，广播电视宣传报道 605 次，报刊简报 425 次，刷写墙体标语 6 575 条，网络宣传报道 180 次，科技赶集宣传 895 次，召开各种现场观摩会 329 次。其中 2005 年举办自治区、县、乡镇及村级测土配方施肥技术培训班 10 期，培训技术骨干 130 人（次），培训农民 1.00 万人（次），培训营销人员 200 人（次），印制发放培训资料 4.00 万份，印制发放施肥建议卡 4.00 万份，广播电视宣传报道 8 次，报刊简报 6 次，刷写墙体标语 6 575 条，网络宣传报道 3 次，科技赶集宣传 6 次，召开各种现场观摩会 2 次。2006 年举办自治区、县、乡镇及村级测土配方施肥技术培训班 1 932 期（次），培训技术骨干 7 075 人（次），培训农民 17.90 万人（次），培训营销人员 700 人（次），印制发放培训资料 19.26 万份。印制发放施肥建议卡 24.37 万份，广播电视宣传报道 60 次，报刊简报 106 次，刷写墙体标语 1 085 条，网络宣传报道 47 次，科技赶集宣传 87 次，召开各种现场观摩会 50 次。2007 年举办自治区、县、乡镇及村级测土配方施肥技术培训班 1 892 期（次），培训技术骨干 4 414 人（次），培训农民 28.89 万人（次），培训营销人员 2 055 人（次），印制发放培训资料 511 300 份。

印制发放施肥建议卡 62.83 万份，广播电视宣传报道 188 次，报刊简报 178 次，刷写墙体标语 2 460 条，网络宣传报道 50 次，科技赶集宣传 386 次，召开各种现场观摩会 121 次。2008 年举办自治区、县、乡镇及村级测土配方施肥技术培训班 2 167 期（次），培训技术骨干 4 805 人（次），培训农民 64 万人（次），培训营销人员 4 570 人（次），印制发放培训资料 74.95 万份。印制发放施肥建议卡 93.00 万份，广播电视宣传报道 349 次，报刊简报 135 次，刷写墙体标语 2 790 条，网络宣传报道 80 次，科技赶集宣传 416 次，召开各种现场观摩会 156 次。使测土配方施肥项目在电视上有影像、广播中有声音、报刊上有文章、网页上有消息、墙壁上有标语、田间地头有现场会，营造了政府重视、企业参与、农民欢迎的良好氛围。

（4）政策效果

① 示范推广情况

3 年来，全自治区共建立配方肥标志性示范区 134.8 万亩。其中，2006 年 8 万亩，2007 年 46.8 万亩，2008 年 80 万亩。配方肥标志性示范区配方肥施用面积占 95%以上，配方施肥建议卡入户率 95%以上，农技人员技术指导到位率 95%以上，95%以上的农户按照施肥建议卡进行施肥、灌溉等田间管理作业，每个示范方都有配方肥校正试验和标识展示牌，有技术指导承包技术人员和农户培训记录。配方肥标志性示范区遍及项目县所有乡镇，实现了乡（镇）有“千亩展示区”，村有“百亩样板区”，示范区以校正试验的真实对比、配方肥节本增产增收效应，使示范区农民真切地感受到测土配方施肥带来的效益。按方施肥、主动购买配方肥已成为示范区农民的自觉行动。

自 2005 年实施测土配方项目以来，全自治区累计推广测土配方施肥技术 1 221 万亩。其中 2006 年 171 万亩，2007 年 400 万亩，2008 年 650 万亩。项目区配方施肥建议卡入户率 80%以上，农技人员技术指导到位率 80%以上，70%以上的农户按照施肥建议卡进行施肥、灌溉等田间管理作业。通过应用测土配方施肥技术，项目区农民亲身经历或亲眼目睹了“按方施肥”或“施用配方肥”所带来的“吃饱了不浪费”的节本增产增收的效果。项目区农民读懂施肥建议卡，弄懂测土配方施肥技术的热情和积极性空前高涨，因土施肥、因作物施肥的观念逐渐深入人心。

宁夏自 2005 年示范推广测土配方施肥技术以来，配方肥总用量明显增加，根据宁夏统计年鉴资料，各种肥料用量相比较，以配方肥为代表的复混肥增幅较大，2006 年全自治区化肥用量比 2004 年增加 6.43 万 t，其中，以复混肥增加量最高，净增 3.66 万 t；磷肥次之，净增 1.82 万 t；钾肥净增 0.67 万 t；氮肥增加量最低，仅为 0.28 万 t。不同施肥区域肥料施用结构趋于合理，中部干旱带增氮增磷增钾，化肥总用量明显增加，净增 2.42 万 t，亩均化肥用量由 2004 年的 8.3 kg 增加到 31 kg，增加 3.8 倍。其中，氮、磷、钾肥及复混肥亩均用量分别由 2004 年的 4.6 kg、2.4 kg、0.04 kg、2.1 kg 增加到 15.4 kg、6.9 kg、0.5 kg、8.2 kg。自流灌区控氮减磷，亩均化肥用量由 2004 年的 153.2 kg 降低到 85.3 kg。其中，氮、磷、钾肥及复混肥亩均用量分别由 2004 年的 81.2 kg、21.1 kg、29.5 kg、21.4 kg 降低到 52.1 kg、14.3 kg、2.7 kg、16.2 kg。

表 3-12　自流灌区各种作物推荐施肥指标　　单位：kg/亩

作物	目标产量	N	P_2O_5	K_2O
春小麦	300	12.1	3.0	0
	350	14.2	3.5	0
	400	16.4	4.1	0
	450	18.5	4.7	0
冬小麦	450	18.5	4.7	0
	500	20.7	5.3	2.2
	550	22.9	5.9	3.1
	600	25.1	6.5	4.5
玉米	600	13.9	13.9	0
	700	16.5	16.5	0
	800	19.5	19.3	0
	900	22.1	22.1	2.0
	1 000	25.0	25.0	3.6

作物	目标产量	N	P_2O_5	K_2O
水稻	600	14.5	4.4	0
	700	17.2	5.3	2.0
	800	20.1	6.4	3.6
马铃薯	1 500	9.2	3.1	0
	2 000	12.4	4.2	2.1
	2 500	15.6	5.3	3.7

表 3-13　自治区主要作物常规施肥与习惯施肥情况统计

	种类	水稻	小麦	玉米	马铃薯
常规施肥区	面积/万亩	32.43	28.82	67.48	128.7
	亩产/（kg/亩）	590.24	317.944	502.48	1 331.2
	单价/（元/kg）	1.86	1.76	1.3	0.6
	有机肥平均用量/（kg/亩）	2 119.5	1 441.92	980.8	1 567.7
	化肥平均用量/（kg/亩）	17.83	15.82	54.95	128.7
	氮肥平均用量/（g/亩）	19.49	17.75	20.99	5.52
	磷肥平均用量/（kg/亩）	9.15	9.69	10.89	3.21
	钾肥平均用量/（kg/亩）	2.39	1	2.76	
测土配方施肥区	面积/万亩	66.94	104.1	132.22	51.7
	亩产/（kg/亩）	604.24	321.61	560.81	1 360.7
	单价/（元/kg）	1.86	1.76	1.3	0.6
	有机肥平均用量/（kg/亩）	2 057.9	1 763.74	1 622.26	1500
	化肥平均用量/（kg/亩）	29.09	29.94	31.75	13.82
测土配方施肥区	氮肥平均用量/（g/亩）	18.1	16.19	23.83	10.44
	磷肥平均用量/（kg/亩）	5.867	6.00	5.32	5.38
	钾肥平均用量/（kg/亩）	2.281	1.6	1.59	0

② 实施效果评估

a. 环境效应

氮磷径流损失量与土壤氮磷含量、降雨量以及灌溉量等因素密切相关。在其他条件相同的情况下，土壤氮磷含量与施肥量、作物吸收量和环境损失量有关。因此本研究采用土壤氮磷盈余量来表征土壤氮磷流失风险。常规施肥区与测土配方施肥区作物氮素盈余量的比较结果表明，自治区水稻、小麦测土配方施肥有效降低了土壤氮磷径流失风险，但玉米和马铃薯的土壤氮素盈余量却有所上升，尤其是马铃薯，增加了环境风险。

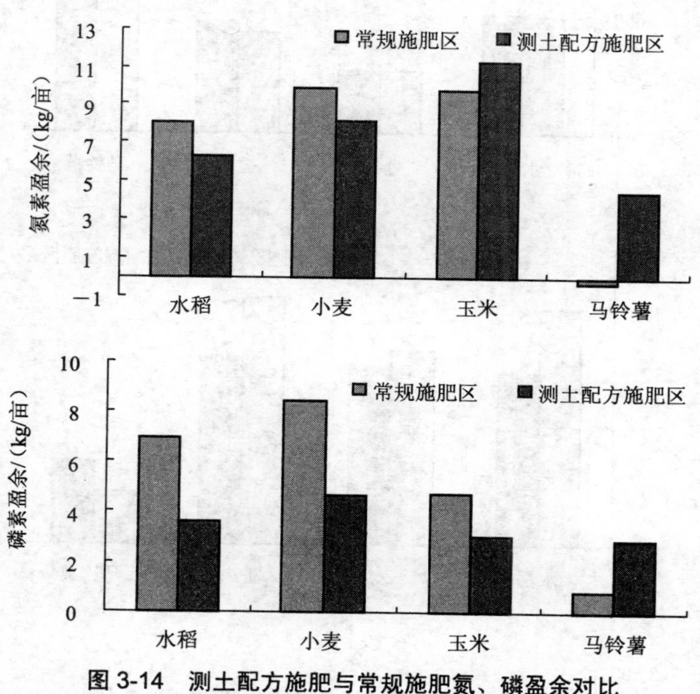

图 3-14　测土配方施肥与常规施肥氮、磷盈余对比

b. 经济效应

图 3-15 是常规施肥区与测土配方施肥区几种主要农作物单产、化肥用量和有机肥用量的比较。单产比较结果表明，测土配方施肥具有一定的增产效果，但增幅不大，因此增收效益不显著。测土配方施肥大幅减少了化肥用量，而替代有机肥，这有利于降低作物生产成本，因此节本效益较为显著。

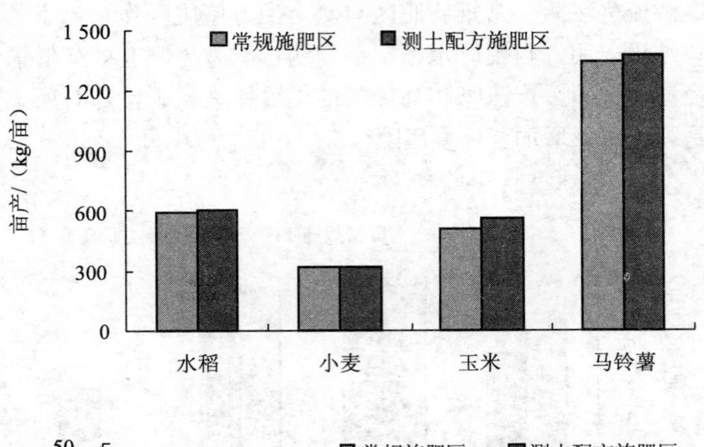

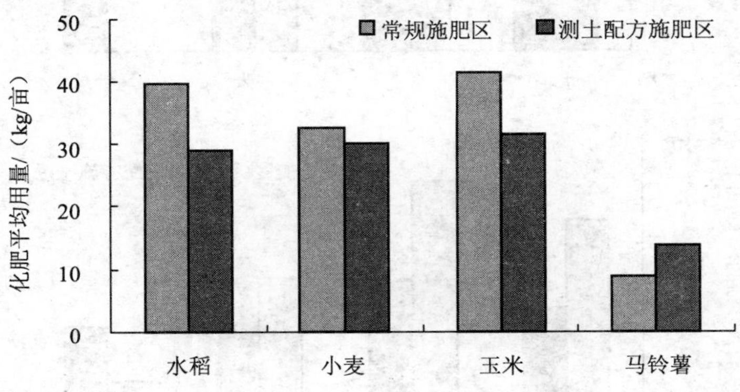

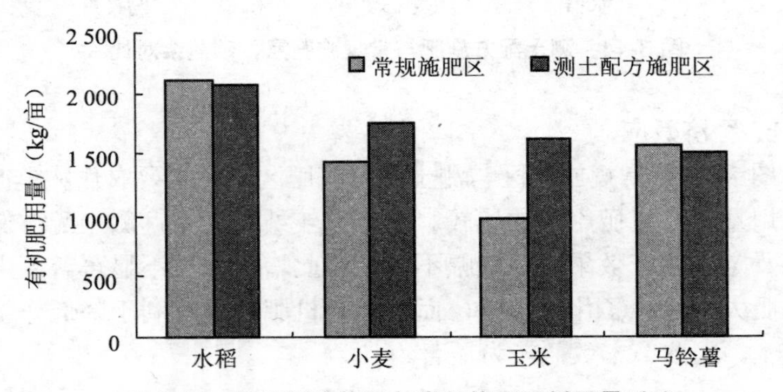

图 3-15　测土配方施肥与常规施肥肥料用量对比

c. 资源效应

本研究采用肥料生产率来表征施肥的资源效应。宁夏回族自治区几种种植面积较大的主要农作物的肥料生产率见图 3-16，从图中可以看出，水稻、小麦和玉米测土配方施肥技术的氮肥生产率比常规施肥有一定的增加，但马铃薯氮素生产率则有显著的降低，这是由于马铃薯测土配方施肥显著增加了施用量，由于边际效应的存在，使得氮素生产率显著降低。水稻、小麦和玉米测土配方施肥技术的磷肥生产率比起常规施肥有着极为显著的上升，而马铃薯氮素生产率同样有显著的下降趋势。

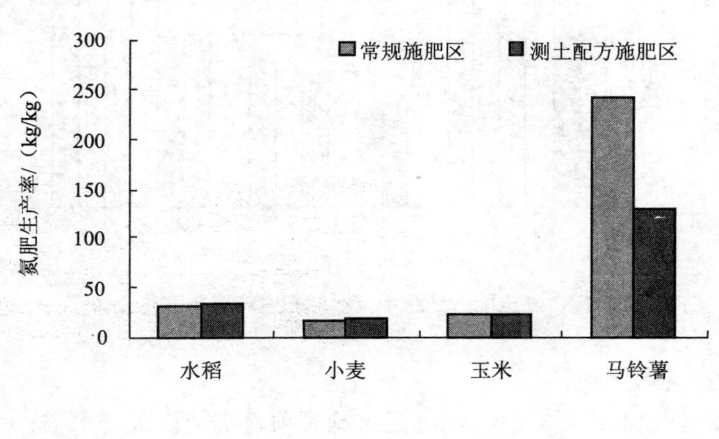

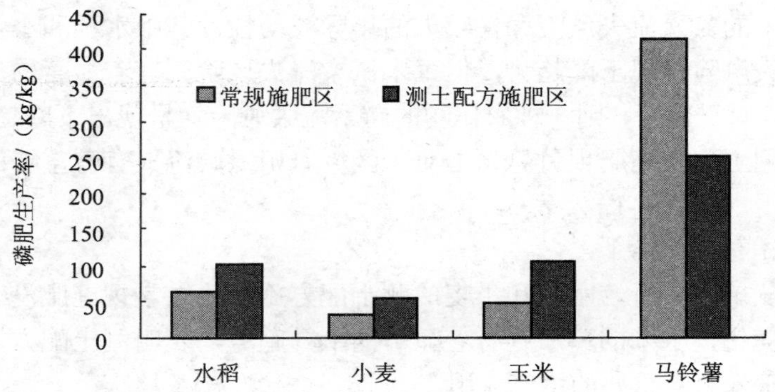

图 3-16　测土配方施肥与常规施肥氮肥、磷肥生产率对比

③ 政策贡献评估

a. 资源效应

从宁夏回族自治区开始实施测土配方施肥项目以来，水稻、小麦和玉米测土配方施肥的氮素生产率呈现出较大的年际间波动性，但总体上呈上升趋势，表明测土配方施肥项目的实施有助于提高氮素生产率。

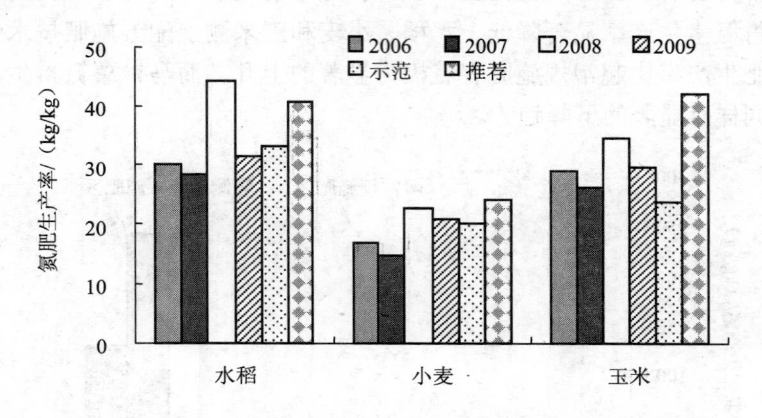

图 3-17 测土配方施肥示范区氮肥生产率年变化趋势

b. 环境效应

从氮素盈余量来看，测土配方施肥项目实施以来，水稻、小麦和玉米的氮素流失风险存在较大的年际波动性，其中水稻和小麦氮素流失风险呈现下降趋势，但玉米氮素流失风险则有着显著的上升趋势。对于磷素，则 3 种农作物的磷素流失风险均呈现出下降趋势，表明测土配方施肥项目总体上对于区域农田氮磷流失有着重要的削减作用，见图 3-18 及表 3-14。

c. 经济效应

从单产来看，水稻和小麦的测土配方施肥比之常规施肥没有显著的变化，玉米的单产则有着显著的上升趋势，表明测土配方施肥对于玉米有着重要的增产作用。

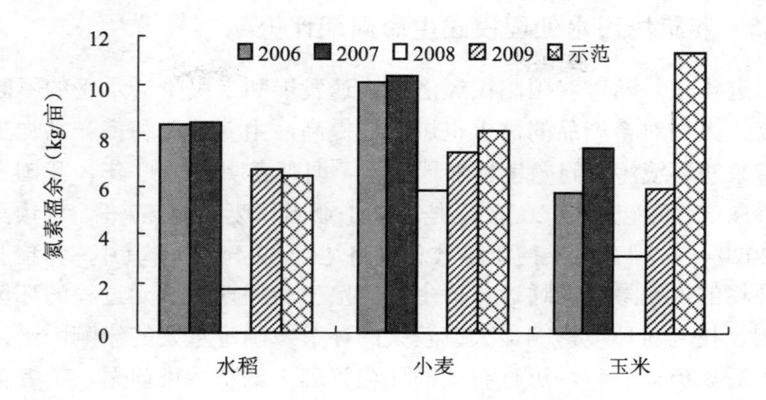

图 3-18　测土配方施肥示范区氮素盈余变化趋势

表 3-14　磷素盈余　　单位：kg/亩

年份	水稻	小麦	玉米
2006	1.65	2.33	−2.91
2007	0.92	1.28	−3.35
2008	−1.04	0.58	−4.80
2009	0.39	1.10	−4.19
示范	3.63	4.67	3.02

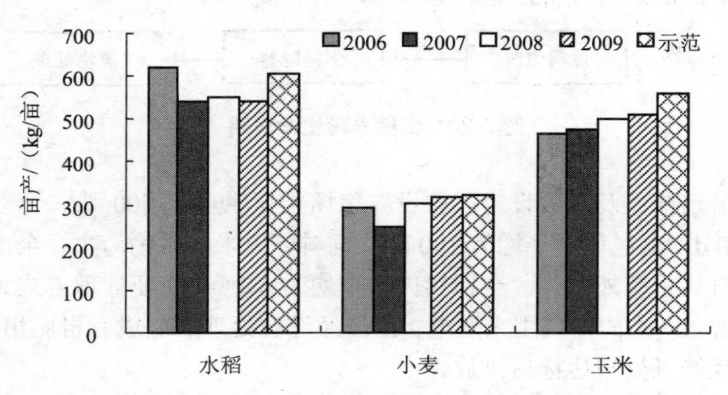

图 3-19　测土配方施肥示范区农作物产量变化

3.2.5 养猪场污水处理模式生命周期评价

近年来，随着我国国民经济的快速发展和人民生活水平的不断提高，人们对畜产品的需求也进一步提高，由养殖业和畜产品加工业带来的环境污染问题也越来越严重。调查表明，2003 年，我国畜禽粪尿产生量已接近 20 亿 t，是同期工业固体废物的 2.7 倍。有预测到 2020 年中国畜禽粪便年排放总量将达到 42.44 亿 t，其中，养猪业对环境的影响最大，通过分析生猪养殖生命周期各单元过程的环境影响，找到对环境影响最大或较大的环节，确定重要的影响因子，便于对规模化养猪场进行有效的环境管理，解决污染问题。笔者尝试利用生命周期评价方法，建立生猪养殖系统的能源消耗和污染物排放的数据清单，并对其环境影响进行评价，以期为规模化养猪场的环境管理和污染控制提供参考。

3.2.5.1 目标和范围的定义

以饲养一头出栏猪为功能单位（function union，FU），采用生命周期评价方法和情景分析法相结合，对规模化养猪场环境影响进行评价，计算系统环境影响潜力。分析各单元过程的环境影响，找到对环境影响最大或较大的阶段，确定重要的影响因子，为降低规模养猪场的环境影响，进一步提高系统的环境效益提供依据。生猪养殖的生命周期大致可以划分为 3 个环节（图 3-20）。

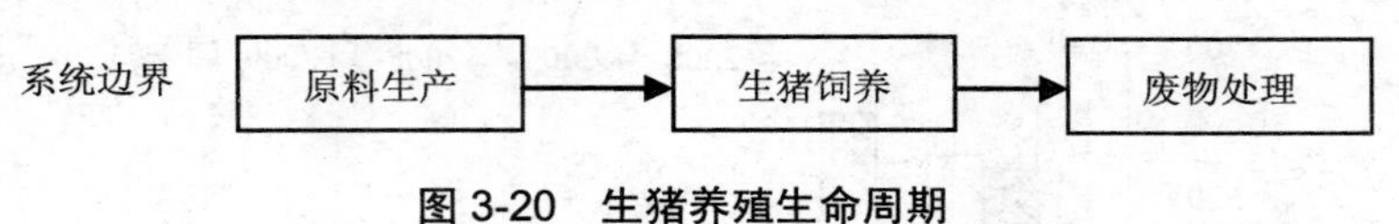

图 3-20 生猪养殖生命周期

情景描述及参数设定：假设养猪场年存栏量为 500 头，饲养期为 180 d，出栏体重平均为 100 kg；饲料以玉米等谷物为主，全部饲料原料从系统外购买，全程料肉比平均为 3∶1；粪便处理方式为厌氧发酵，产生的沼气用来发电，沼渣经综合处理后制成有机肥出售，沼液经好氧处理达标后排放。

3.2.5.2　清单分析

按照系统生命周期的 3 个环节，分别进行清单分析。

（1）原料生产环节

假设饲料全部由 70%的谷物、25%的浓缩料和 5%的添加剂配制而成，故当生命周期饲料的消耗量为 300 kg/FU 时，则谷物为 210 kg/FU，浓缩料为 75 kg/FU，添加剂为 15 kg/FU。

饲料原料的生产过程中，功能单位物质的投入量采用公式进行计算：

$$x_i = \frac{I_F}{P_A} \times X_{iA} \tag{3-8}$$

式中：x_i —— 系统中物质 i 功能单位的投入量；

I_F —— 功能单位饲料原料的使用量；

P_A —— 全国主要谷物的平均产量；

X_{iA} —— 物质 i 单位耕地的全国平均投入量。

作物生产中污染物的排放量参考王明新等（2006）对冬小麦常规管理措施下生命周期环境影响研究的结果。

假设原料从周边城市购买，运距平均为 100 km，运输方式为货运汽油车，汽油车能耗为 0.06 L/（t • km）；污染物的排放数据参考胡志远的研究结果。

在饲料的加工过程中能耗主要为电能，平均为 30 kWh/t；该过程污染物的排放量小，可忽略不计。

（2）生猪饲养环节

① 猪粪便、养殖废水的产生量

根据原国家环境保护总局推荐的排泄系数，计算得到粪便产生量为 196.27 kg/FU，尿液产生量为 323.85 kg/FU；养猪过程中采用干法清粪工艺，利用徐谦等的研究结果，得到各污染物的浓度和生产废水产生量为 1 350 L/FU。

② NH_3、CH_4、CO_2 的排放量估计

养猪生产中，NH_3 的排放主要发生在猪舍和粪池。根据刘丹的研究，得到每头猪每天 NH_3 排放量平均为 4.584 9 g，计算得出 NH_3

排放量为 825.282 g/FU。

根据 IPCC 1997 年的报告，猪的一个生长周期因肠道发酵而排放的甲烷量为 1.5 kg/头，则得出甲烷排放量为 1.5 kg/FU。

养猪生产中，经测定每头猪每天呼吸的 CO_2 排放量为 43 L/h，推算出 CO_2 排放量为 367.248 kg/FU。

（3）废物处理环节

畜禽粪便的处理分为厌氧发酵、沼气发电、沼渣沼液综合处理 3 个阶段。

① 厌氧发酵

采用湿法厌氧发酵工艺，发酵液的总固体浓度（TS）为 7%，已知猪粪 TS 浓度为 18%，通过计算可知，稀释调配需添加 308.42 kg 生产废水。

猪粪的产气量为 0.42 m^3/kg（以干物质计），可计算出沼气产气量为 14.84 m^3/FU。

沼气主要成分中 CH_4 占 60%，CO_2 占 35%；则 CH_4 的产气量为 8.90 m^3/FU，CO_2 产气量为 5.19 m^3/FU，其余的成分产气量较小，可忽略不计。

② 沼气发电

每立方米沼气可发电约 2 kWh，功能单位发电量为 29.68 kWh。

利用沼气作为能源时，沼气中 H_2S 的浓度不得超过 20 mg/m^3。假设沼气经过净化能满足发电的要求，则沼气燃烧产生 SO_2 量为 558.68 g/FU。沼气燃烧过程中的 CO_2 排放量采用王革华（1999）的方法计算。

③ 沼液沼渣综合处理

厌氧发酵后的出水进行固液分离，沼液溢流进入沼液好氧后处理系统，达标排放；沼渣运送至有机肥车间，利用发电机余热干燥，包装后出售。

沼渣处理过程中，对环境的影响较小，忽略不计，沼液处理后的出水达到《畜禽养殖业污染物排放标准》（GB 18596—2001）的要求，则 BOD_5、COD_{Cr}、SS、NH_3-N 和 TP 排放量分别为 202.5 g/FU、

540 g/FU、270 g/FU、108 g/FU 和 10.8 g/FU。

3.2.5.3　影响评估

采用特征化和归一化与加权的方法对不可更新能源的消耗、全球变暖、富营养化和环境酸化潜势 4 种环境影响类型进行评估。

（1）特征化

在猪的饲养阶段及粪便处理阶段中主要消耗的不可更新能源为电力，假设全部由系统内部发电供给。饲料原料生产阶段不可更新能源消耗的计算根据王明新等的计算方法以 1 kg 氮计算为 91.63 MJ/kg 得出氮肥生产的不可更新能源消耗（energy depleted，ED），其余农用物资根据能量折算系数计算。

富营养化潜力（eutrophication potential，EP）、全球变暖潜力（global warming potential，GWP）、环境酸化潜力（acidification potential，AP）的计算采用当量系数法：

$$C_i = x_j \times X_i \tag{3-9}$$

式中：C —— 特征化的结果；

i —— 环境影响类型；

x —— 功能单位气体排放量；

X —— 物质的浓度系数；

j —— 归属于同一影响类型的不同物质。

系统功能单位环境影响特征化结果见表 3-15。

表 3-15　系统功能单位环境影响特征化结果

环节	ED/MJ	EP/kg①	GWP/kg②	AP/kg③
原料生产	3 175.784	0.607 9	279.686 4	2.913 9
生猪饲养	—	0.288 9	35.49	1.551 6
废物处理	—	0.046 4	27.66	0.558 7
总计	3 175.784	0.943 2	342.836 4	5.024 2

注：① 以 PO_4^{3-} 当量计；②以 CO_2 当量计；③以 SO_2 当量计。

（2）归一化与加权

归一化方法一般是用基准量除类型参数：

$$N_i = C_i \times S_i \tag{3-10}$$

式中：N—— 归一化的结果；

C—— 特征化结果；

S—— 基准量；

i—— 环境影响类型。

采用 Stranddorf 等发布的世界人均环境影响潜力作为环境影响基准。

根据王明新等（2006）以环境科学和农业生态为主要背景的 16 位专家的调查，确定了不可更新能源消耗（0.15）、全球变暖潜力（0.12）、环境酸化潜力（0.14）和富营养化潜力（0.12）权重系数，对归一化进行加权，结果如表 3-16 所示。

表 3-16　系统环境影响加权后结果

环节	ED	EP	GWP	AP	总计
原料生产	8.38×10^{-3}	1.23×10^{-3}	3.86×10^{-3}	1.17×10^{-2}	2.52×10^{-2}
生猪饲养	—	5.88×10^{-4}	5.56×10^{-3}	6.21×10^{-3}	1.23×10^{-2}
废物处理	—	9.44×10^{-5}	3.82×10^{-4}	2.23×10^{-3}	2.71×10^{-3}
总计	8.38×10^{-3}	1.91×10^{-3}	9.80×10^{-3}	2.01×10^{-2}	4.02×10^{-2}

饲养一头猪产生的环境影响综合指数为 4.02×10^{-2}，环境影响较大的环节依次是原料生产环节、生猪饲养环节和废物处理环节，对应的环境影响指数分别是 2.52×10^{-2}、1.23×10^{-2} 和 2.71×10^{-3}。

3.2.5.4　结果与讨论

（1）原料生产环节的环境影响综合指数最大，达 2.52×10^{-2}。与国外相关报道相比，我国单位可耕地的平均农资投入量较大，尤其是氮肥投入过多，远远大于作物生长的需要，而农资生产一直是能源消耗和环境污染的大户，造成饲料原料生产中能源消耗高，环境影响大，其影响往往不是出现在养猪地区，而是出现在原料种植地区。目前不少养猪的饲料原料来自国外，这有利于生猪养殖生命周期环境影响的降低。

（2）生猪饲养环节环境影响综合指数为 1.23×10^{-2}，其中，环境酸化潜力贡献率最大，但冯砚青在分析我国酸雨状况中认为，NH_3 的释放可以降低酸化效应；若不考虑 NH_3 的酸化影响，则整个生命周期环境酸化潜力将降低 73%。另外，国内的养猪生产中饲料蛋白水平通常偏低，有利于降低猪饲养阶段温室气体的排放。

（3）废物处理环节环境影响综合指数为 2.71×10^{-3}，白林的研究结果与笔者的研究相差很大，原因主要是由于废物处置方式不同。粪尿有效管理和废物无害化、资源化利用对减轻该环节环境影响极为重要。

3.2.5.5　建议及不足

通过以上的分析，减少规模化养猪场环境影响潜力的措施可包括：① 合理配方施肥和测土施肥，降低氮肥投入和养分流失，鼓励有机肥还田；② 通过品种改良、合理配制饲料、改善环境和管理方式，提高饲料利用率，减少污染物排放；③ 配套建设沼气工程，畜禽废物能源化、无害化，并对沼液和沼气加以充分利用；④ 就近采购饲料原料，减少运输量；⑤ 采取规模化、集约化的农牧结合，实现能量的多级利用。

研究考虑了养猪生命周期中饲料原料的生产、加工、运输、饲养、废物的处理，属于比较完整的生产系统；但缺少对猪肉消费利用的考虑；另外，由于没有对建筑、设备、兽药等进行分析，也没有进行经济可行性方面的研究。因此研究还需进一步完善，不能直接用于对系统的优劣进行评价，可作为系统环境影响评估的一种参考。

3.2.6　规模化养牛场粪便处理生命周期评价

3.2.6.1　研究区域与数据来源

研究区域为我国东部发达地区，由于畜禽运输及保鲜等问题，规模化养殖场聚集在大中城市近郊，周边没有足够的土地消纳畜禽粪便和养殖废水，必须进行废弃物的处置。研究对象为某规模化养牛场，年存栏量为 400 头奶牛，粪便采用干清粪方式处理，粪、尿及生产废水的产生量见表 3-17，牛粪成分见表 3-18，废水中污染物浓度见表 3-19。

表 3-17　牛粪尿的产生量

	排泄系数/[kg/(d·头)	产生量/（kg/d）
牛粪	30	12 000
尿液	18	7 200
生产废水	48	19 200

表 3-18　牛粪成分

单位：%

水分	N	P_2O_5	K_2O	CO_2	TC	MgO
80.1	0.42	0.34	0.34	0.33	9.1	0.16

表 3-19　生产废水中污染物浓度

COD_{Cr}/（mg/L）	NH_3-N/（mg/L）	TN/（mg/L）	TP/（mg/L）
918～1 050	41.6～60.4	57.4～78.2	16.3～20.4

本研究对牛粪两种不同的处理方式即好氧堆肥和厌氧发酵进行比较分析。

好氧堆肥：在人工控制的好氧条件下，在一定水分、C/N 和通风条件下，通过微生物的发酵作用，将对环境有潜在危害的有机质转变为无害的有机肥料的过程。在这种过程中，有机物由不稳定状态转化为稳定的腐殖质物质。

厌氧发酵：微生物的物质代谢和能量转换过程，在分解代谢过程中沼气微生物获得能量和物质，以满足自身生长繁殖，同时大部分物质转化为甲烷和二氧化碳。

3.2.6.2　目标和范围的定义

本研究以分别处理 1 t 牛粪为评价的功能单位，分析两种不同粪便处理方式——厌氧发酵、好氧堆肥过程中的能源投入、污染物的排放，通过环境影响的大小比较两种处理方式的优劣。生命周期的起始边界为牛粪收集转运至处理区域，终止边界为固废形成成熟的堆肥产品，废水能达标排放。具体研究范围见图 3-21、图 3-22。

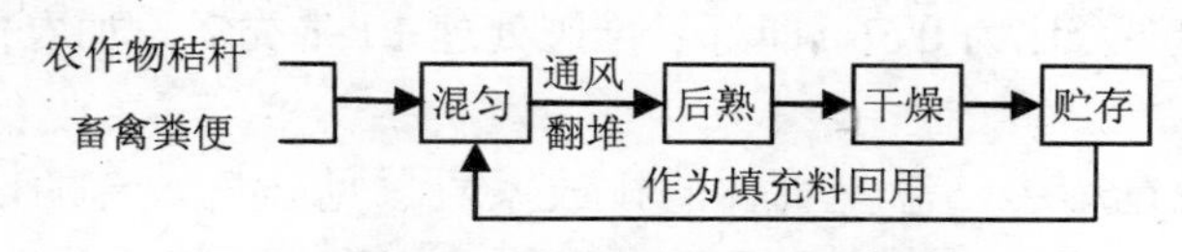

图 3-21　好氧堆肥工艺研究范围

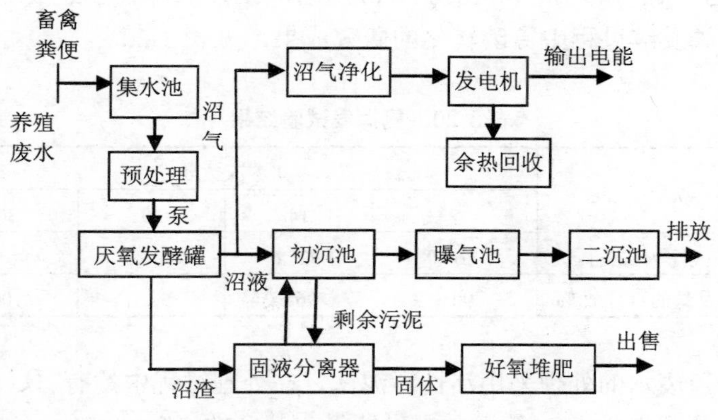

图 3-22　厌氧发酵工艺研究范围

3.2.6.3　清单分析

（1）好氧堆肥

采用中国科学院成都生物所研究开发的一次性静态好氧堆肥技术，槽式翻堆自然通风，主发酵期（7 d）后，在同一发酵槽内进行降温干燥，直至腐熟。主发酵期内每天翻堆一次。翻堆机型号：RY-2000，处理能力：400～500 m^3/h。翻堆总能耗为 3 kWh。

秸秆与牛粪的混合比按以下公式计算：

$$M=\frac{W_m-W_c}{W_b-W_m} \tag{3-11}$$

式中：M—— 秸秆与牛粪质量的比值；

W_m—— 混合物料含水率，取 55%；

W_b—— 秸秆含水率，%；

W_c—— 牛粪便含水率，%。

已知秸秆含水率 10%，牛粪的含水量为 80.1%，计算得到秸秆与牛粪的混合比为 0.56，即好氧堆肥处理 1 t 牛粪需添加农作物秸秆 560 kg。

堆肥过程中，温室气体的排放系数参见陆日东等的研究结果 CO_2、CH_4、NO_2 的排放速率变化范围分别为 41.25 mg/（kg・h）、1.35 mg/（kg・h）和 94.41 μg/（kg・h）；NH_3 的排放系数采用关升宇在牛粪发酵过程中氮磷转化的研究成果，见表 3-20。

表 3-20 氨挥发试验结果

项别	培养天数/d			
	7	14	20	30
氨挥发量累积/（mg/kg）	868.0	927.6	933.3	961.2
占总挥发量的百分数/%	90.3	96.5	97.1	100

养殖废水的处理采用活性污泥法，在处理过程中约有 1/3 的有机物被分解生成 CO_2 等，并提供能量；其余的 2/3 被转化，进行微生物自身生长繁殖。排放的主要污染物为 CO_2，功能单位 CO_2 的排放量为 23.091 kg。

沼液处理后的出水达到《畜禽养殖业污染物排放标准》（GB 18596—2001）的要求，则 BOD_5、COD、SS、NH_3-N、TP 排放量分别为 0.24 kg/FU、0.64 kg/FU、0.32 kg/FU、0.128 kg/FU、0.013 kg/FU。

（2）厌氧发酵

采用湿法厌氧发酵工艺，粪便 TS 浓度为 6%，全混合式消化器，具有搅拌装置，中温（30～45℃），恒温半连续投料，HRT=10 d。

电力的使用主要集中在消化器搅拌装置、曝气池中的曝气装置。搅拌装置功率为 1.5 kWh，每天启动 2 次，每次 2 h；曝气装置功率为 11 kWh，每天启动 24 h。消化器每天进料大约 0.8 t，好氧处理阶段每天处理废水大约 12 m^3，功能单位电力的消耗为 73.5 kWh。

① 厌氧发酵过程

收集的牛粪需加入少量圈舍冲洗水，进沼气池前进行调浆，控制浓度为 6%左右，则处理 1 t 牛粪加入废水 3 117.67 L。

牛粪的产气量为 0.3 m^3/kg 干物质，可计算出沼气产出量为 59.7 m^3/FU。

沼气主要成分是甲烷 CH_4 占 60%，CO_2 占 35%，则 CH_4 的产生量为 35.82 m^3/FU，CO_2 产生量为 20.90 m^3/FU，即 41.32 kg/FU（CO_2 密度为 1.977 g/L），其余的成分含量较小，忽略不计。

② 沼气发电过程

每立方米沼气可发电约 2 kWh，功能单位发电量为 71.64 kWh。

利用沼气能源时，沼气中 H_2S 的含量不得超过 20 mg/m^3。假设沼气经过净化能满足发电的要求，则沼气燃烧产生 SO_2 量为 1.194 g/FU。沼气燃烧过程中的 CO_2 排放量采用王革华（1999）的计算方法，C_{BG} = 11.725 B_G，计算得沼气燃烧过程中 CO_2 的功能单位排放量为 42.64 kg/FU。

③ 沼液沼渣综合处理过程

厌氧发酵后的出水进行固液分离，沼液溢流进入沼液好氧后处理系统，达标排放；沼渣运送至有机肥车间，利用发电机余热干燥，包装后出售。沼渣、沼液中主要成分的含量见表 3-21。

表 3-21　厌氧发酵残余物的成分　　单位：%

项别	全 N	全 P	有机质	腐植酸
沼液	0.257	0.054 9	3.23	0.187
沼渣	3.874	2.389	30.43	20.325

沼渣的处理过程中，对环境的影响较小，忽略不计，沼液好氧处理过程中排放的气体污染物主要考虑 CO_2。沼液好氧处理过程中，功能单位 CO_2 的排放量为 147.666 0 kg。

沼液处理后的出水达标排放，则 BOD_5、COD、SS、NH_3-N、TP 排放量分别为 0.467 kg/FU、1.247 kg/FU、0.624 kg/FU、0.250 kg/FU、0.025 kg/FU。

具体清单见表 3-22。

表 3-22　牛粪处理生命周期中清单

项别	污染物	好氧堆肥	厌氧发酵
污染物排放/kg	CO_2	36.201 0	233.616 2
	SO_2	0.030 3	0.020 4
	NO_x	0.042 1	0.012 0
	CO	0.004 7	0.002 9
	CH_4	0.331 8	0.004 8
	NH_3	0.961 2	
	BOD	0.240 0	0.467 0
	COD	0.640 0	1.247 0
	NH_3-N	0.128 0	0.250 0
	TP	0.001 3	0.025 0
能源消耗/kWh	电力	3	1.86

3.2.6.4　影响评价

影响评价包括特征化、标准化和加权评估三个步骤。

（1）特征化

特征化是对环境排放清单进行分类计算并计算环境影响潜力的过程。本书中主要考虑富营养化潜力（Eutrophication Potential，EP）、全球变暖潜力（Globle Warming Potential，GWP）、酸化潜力（Acidification Potential，AP）3 种环境影响类型，特征化的计算采用当量系数法。全球变暖以 CO_2 为参照当量 CO、CH_4、NO_x 的当量系数分别为 2、21、310。环境酸化以 SO_2 为参照物，NO_x 和 NH_3 的当量系数分别为 0.7 和 1.89；富营养化以 PO_4^{3-} 为参照物，NO_x，NO_3^--N 和 NH_3 的当量系数分别为 0.1、0.42 和 0.35。

（2）标准化

标准化的方法一般是用基准量去除类型参数：

$$N_i = C_i / S_i \tag{3-12}$$

式中：N—— 标准化的结果；

C—— 特征化结果；

S—— 基准量；

i—— 环境影响类型。

本书采用 Stranddorf 等 2005 年 11 月发布的世界人均环境影响潜力作为环境影响基准。

（3）加权

本书根据王明新等对以环境科学和农业生态为主要背景的 16 位专家调查确定的权重系数，进行标准化后取全球变暖（0.32）、酸化效应（0.36）和富营养化（0.32）为权重系数，然后进行加权。

（4）生命周期解释

经分析，粪便处理生命周期环境影响较大的是全球变暖、环境酸化和富营养化，好氧堆肥 3 种环境影响潜力分别为 0.006 7、0.053 3 和 0.009 2，即利用好氧堆肥工艺处理 1 t 牛粪产生的全球变暖、环境酸化、富营养化潜力相当于 2005 年世界人均环境影响潜力的 0.67%、5.33%和 0.92%；厌氧发酵的 3 种环境影响潜力分别为 0.027 3、0.000 8 和 0.006 7，即利用厌氧发酵工艺处理 1 t 牛粪产生的全球变暖、环境酸化、富营养化潜力相当于 2005 年世界人均环境影响潜力的 2.73%、0.08%和 0.67%，具体见表 3-23。经加权后好氧堆肥、厌氧发酵的综合环境影响潜力分别为 0.024 3 和 0.011 2。

表 3-23　两种处理工艺的综合环境影响值

项别	全球变暖	环境酸化	富营养化	合计
权重	0.32	0.36	0.32	
好氧堆肥	0.006 7	0.053 3	0.009 2	0.024 3
厌氧发酵	0.02 3	0.000 8	0.006 7	0.011 2

根据本研究的研究结果，对于全球变暖的潜力，厌氧发酵工艺大于好氧堆肥；主要原因是在好氧堆肥的过程中粪便中的碳大都转化成腐殖质继续留在固相中，而厌氧发酵大多产生甲烷，甲烷燃烧发电又把碳转化成二氧化碳释放到空气中，造成全球变暖潜力增大。

好氧堆肥工艺的环境酸化、富营养化的潜力远远大于厌氧发酵工艺；一方面是由于在好氧微生物的作用下，N、P 和 S 元素被氧化生成 NH_3、PO_4^{3-}、SO_4^{2-}，造成酸化潜力变大；另一方面，厌氧发酵产生的沼气经过脱硫塔，其中的 H_2S 浓度降低到了 20 mg 以下，营养元素 N、P 在发酵过程中转化成稳定的物质留在沼渣中，对环境产生影响较小。

（5）小结

本章以某规模化养牛场为例，应用生命周期评价方法，对畜禽粪便两种不同处理方式进行生命周期污染物排放清单分析，在此基础上进行生命周期环境影响评价。结果表明，粪便处理生命周期环境影响较大的是全球变暖、环境酸化和富营养化，好氧堆肥 3 种环境影响潜力分别为 0.006 7、0.053 3 和 0.009 2，即利用好氧堆肥工艺处理 1 t 牛粪产生的全球变暖、环境酸化、富营养化潜力相当于 2005 年世界人均环境影响潜力的 0.67%、5.33%和 0.92%；厌氧发酵的 3 种环境影响潜力分别为 0.027 3、0.000 8 和 0.006 7，即利用厌氧发酵工艺处理 1 t 牛粪产生的全球变暖、环境酸化、富营养化潜力相当于 2005 年世界人均环境影响潜力的 2.73%、0.08%和 0.67%。其中好氧堆肥工艺的环境酸化和富营养化潜力大于厌氧发酵处理工艺；厌氧发酵工艺全球变暖潜力大于好氧堆肥。

3.2.7 农村户用沼气工程项目环境效益评价

中国政府在近几年推行的“一池三改”（建沼气池，改厕、改圈、改厨）和生态家园计划，极大地推动了农村户用沼气的推广应用。许多学者对户用沼气工程的节能减排效益进行了评价，但多数研究侧重评价其能源效益或某些特定污染物的减排效益，如 SO_2 和温室气体。然而，从生命周期角度看，通过沼气工程建设实现减排的污染物类型较多，如避免秸秆焚烧而实现对可吸入颗粒物（PM_{10}）、氮氧化物（NO_x）等污染物的减排，通过畜禽粪便发酵利用而实现对总氮（TN）、总磷（TP）和化学需氧量（COD）等污染物的减排，通过沼渣、沼液等副产品再利用可以替代化肥而减少化肥生产中的能源消耗与环境排放；另一方面，沼气使用过程也会排放诸如二氧化碳、氮氧化物、挥发性有机化合物（VOC）等，建造沼气池使用的建材等上游生产环节也会消耗能源并排放污染物。因此，科学评价农村户用沼气的节能减排效应需要综合考虑沼气自身及其上下游的能耗与污染物排放，需综合考虑不同类型的资源环境影响，设置合理的评价单元和边界条件，从而进行系统的评价。

（1）评价方法

参考 ISO（世界标准化组织）提出的 LCA 原则与框架，本书对户用沼气工程生命周期节能减排效益的评价由以下 3 个相互关联的步骤组成，即目标定义与范围界定、清单分析和节能减排效益评价。

① 研究对象、目标定义与范围界定

研究对象为中国农村广泛推广应用的 8 m^3 户用沼气工程，设计投入原料为风干玉米秸秆和育肥猪粪便，二者投入干质量分别为 400 kg 和 800 kg，年产气量约 300 m^3。沼气池为砖混结构，使用寿命 20 年，沼气池的建造共约使用 2 000 块红砖和 600 kg 硅酸盐水泥。

研究的目标是识别农村户用沼气工程生命周期资源环境影响的主要类型并识别其产生的关键环节，评价农村户用沼气工程生命周期的节能减排效益，为改善农村户用沼气工程环境效益提供依据。本研究综合考虑农村户用沼气工程自身的能耗与污染排放和由于农村户用沼气工程建设而在其上下游环节实现的节能减排效益。自身的能耗与污染排放包括：沼气池建造的能耗与环境排放；沼气使用过程的污染排放。上下游环节的节能减排效益主要来自 4 个方面：避免了由于秸秆处置不当而引起的污染排放，假定玉米秸秆如果不用于沼气发酵则将被用于直燃供热或露天焚烧；避免了猪粪堆置过程的污染物排放或流失；减少了沼气替代的化石能源其生命周期的能耗与污染物排放，本书假定替代的化石能源为煤；减少了由于沼渣、沼液还田而替代的化肥其生命周期的能耗与污染物排放。评价的功能单元为 1 个典型户用沼气池运行 1 年时间。

② 清单分析

清单分析主要考虑户用沼气工程生命周期各阶段主要原材料的投入量和主要污染物的排放量。沼气池建造环节的生命周期能耗与污染排放主要来自建筑材料的影响，本研究考虑了两种主要建筑材料即水泥和实心砖的生命周期能耗及污染排放，排放因子分别采用龚志起等和罗楠等的研究结果，不考虑其他环节的影响。沼气使用过程主要考虑由于燃烧排放的污染物，包括 CO_2、CO、NO_x 和 VOC，其排放因子分别为 20 700 mg/（N • m^3）、500 mg/（N • m^3）、400 mg/（N • m^3）和 400 mg/（N • m^3）。秸秆和猪粪因作为沼气发酵原料而分别避免了直燃和流失，秸秆焚烧的主要污染物有 CO_2、CO、CH_4、NH_3、NO_x、VOC、PM_{10} 等，其排放系数采用曹国良等的调研结果。猪粪沼气利用的节能减排效益以猪粪堆积为参照对象，猪粪中的氮、磷、钾的质量分数分别以 0.6%、0.5%和 0.4%计，堆积模式的 TN、TP 和 COD 的流失率分别取 5.25%、5.34%和 5.58%，沼气利用则以零排放计；堆积模式每头育肥猪的 CH_4 和 NH_3 的排放量分别为 3.48 kg 和 7.43 kg，沼气利用则 NH_3 排放量降至 4.84 kg，甲烷实现零排放。因沼气的使用而减少煤炭的使用量根据二者热值进行等量转换，燃煤生命周期主要污染物的排放系数参见狄向华等的研究结果。沼液和沼渣的氮、磷、钾含量依据发酵原料中氮、磷、钾含量和发酵过程养分损失率折算，沼肥中氮、磷、钾 3 种养分在发酵过程中的损失率分别以 20%、5%和 5%计，剩余的养分质量分数折算为可替代的化肥数量。化肥生命周期能耗与排放系数采用苏洁的研究结果。

③ 效益评价

参照 ISO 的生命周期评价框架，对沼气工程生命周期各种节能减排效益进行特征化、标准化和效益评价。

在特征化中，把户用沼气工程生命周期相关环境影响类型分为能源耗竭、温室效应、环境酸化、光化学氧化、富营养化和人体毒性 6 种。同类污染物通过当量系数转换为参照物的环境影响潜力。

本研究采用2000年世界人均环境影响潜力作为环境影响基准值进行标准化处理（表 3-24）。

表 3-24　户用沼气工程生命周期评价基准

环境影响类型	单位	基准值
能源耗竭	MJ	56 877.88
温室效应	kg	7 192.98
环境酸化	kg	56.14
光化学氧化	kg	34.72
富营养化	kg	10.70
人体毒性	kg	20.14

最后进行节能减排效益评价，节能减排效益以沼气工程实现的节能减排量与沼气工程自身生命周期能耗与污染物排放量之差来表示。

（2）结果与分析

典型 8 m^3 农村户用沼气工程生命周期能源消耗见有关资料，户用沼气工程生命周期能源消耗的主要环节是沼气池的建造，其主要建筑材料的能耗较高，但沼气对燃料的替代和沼肥对化肥的替代减少了对煤炭等直接能源的需求和化学肥料等间接能源的需求，其中因化肥替代而实现的节能量相对较高，这是因为中国能源结构以煤为主，化肥尤其是氮肥的生产多数以煤炭为基本原料，能耗很高。

沼气工程生命周期排放的主要温室气体有 CO_2、CH_4 和 CO（表 3-25）。由表可知，CO_2 减排量最大，其次是 CH_4。CO_2 减排效应主要来自化肥替代和煤炭替代，其中沼肥对化肥的替代减少了对化肥的需求从而显著减少了化肥生产环节由于高能耗而排放的 CO_2，一个 8 m^3 户用沼气工程每年产生的沼肥可通过替代化肥而减少温室效应潜力达 1 020.98 kg；其次是替代煤炭，可实现温室气体减排 379.04 kg。猪粪的发酵利用则避免了 CH_4 的大量直接排放。此外，沼气工程的建设还可以避免秸秆直接焚烧而减少温室气体的排放，进一步降低其生命周期温室效应潜力。通过户用沼气工程的建设而实现的温室效应减排潜力达 2 081.87 kg，抵消沼气工程建造与运行排放的163.79 kg 后，一个8 m^3 户用沼气工程年可实现温室气体净减排 1 918.08 kg。

表 3-25　户用沼气工程生命周期温室效应减缓潜力　　单位：kg

项别	CO_2	CH_4	CO
沼气池建造	−99.10	0	−0.21
沼气使用	−64.17	0	−0.31
化肥替代	970.07	49.35	1.55
煤炭替代	378.05	0	0.99
秸秆利用	221.71	5.16	16.51
猪粪利用	0	438.48	0
合计	1 406.56	492.99	18.53

户用沼气工程生命周期环境酸化污染物包括 SO_2、NO_x 和 NH_3（表 3-26）。沼气池建造和沼气使用两个环节排放环境酸化污染物合计达 8.75 kg，其中沼气池建造环节的 SO_2 排放量最大，占 95. 31%。但户用沼气工程通过猪粪、秸秆再利用和化肥、能源替代等，显著减少了上下游相关环节环境酸化污染物的排放量，总量达 39.28 kg，其中猪粪利用和煤炭替代两个环节实现的减排量分别占 74.77%和 13.38%。生命周期合计实现净减排量 30.52 kg，对环境酸化影响有着显著的减缓作用。

表 3-26　户用沼气工程生命周期环境酸化减缓潜力　　单位：kg

项别	SO_2	NO_x	NH_3
沼气池建造	−8.34	−0.32	0
沼气使用	0	−0.09	0
化肥替代	1.83	1.90	0.24
煤炭替代	3.71	1.54	0
秸秆利用	0.06	0.26	0.36
猪粪利用	0	0	29.37
合计	−2.74	3.29	29.97

户用沼气工程生命周期光化学氧化污染物主要包括 VOC、CO 和 CH_4（表 3-27），沼气池建造和沼气使用的光化学氧化潜力合计 0.08 kg，其中沼气使用排放的 VOC 对光化学氧化潜力的贡献占 94.12%。通过户用沼气工程建设，上下游 4 个环节实现的光化学氧化污染物减排量达 2.16 kg，实现净减排 2.07 kg。秸秆利用实现的减排量最多，达 1.63 kg，其中 VOC 的减排占 84.68%。此外，化肥替代和煤炭替代实现的光化学氧化污染物减排潜力分别为 0.30 kg 和 0.08 kg，对光化学氧化影响的减缓也起到了一定的作用。

表 3-27　户用沼气工程生命周期光化学氧化减缓潜力　单位：kg

项别	VOC	CO	CH_4
沼气池建造	0	0	0
沼气使用	−0.07	0	0
化肥替代	0.26	0.02	0.02
煤炭替代	0.07	0.01	0
秸秆利用	1.38	0.25	0
猪粪利用	0	0	0.15
合计	1.63	0.28	0.16

户用沼气工程生命周期富营养化影响的主要污染物有 NH_3、NO_x、TN、TP 和 COD（表 3-28）。沼气池建造和沼气使用两个环节排放的富营养化污染物仅 0.08 kg，而其上下游环节实现的减排量却达 9.15 kg，实现净减排 9.08 kg，极为显著地减缓了富营养化影响。其中猪粪利用实现的富营养化污染物减排量最大，占 91.27%。各种富营养化污染物中，NH_3 净减排量最大，占 61.14%；其次是 TP 和 COD，分别占 21.18%和 7.52%。

表 3-28　户用沼气工程生命周期富营养化减缓潜力　单位：kg

项别	NH_3	NO_x	TN	TP	COD
沼气池建造	0	−0.06	0	0	0
沼气使用	0	−0.02	0	0	0
化肥替代	0.05	0.35	0	0	0
煤炭替代	0	0.29	0	0	0
秸秆利用	0.07	0.05	0	0	0
猪粪利用	5.44	0	0.31	1.92	0.68
合计	5.55	0.61	0.31	1.92	0.68

户用沼气工程生命周期人体毒性影响的主要污染物有 SO_2、NO_2 和 PM_{10}（表 3-29），沼气池建造和沼气使用两个环节生命周期共排放人体毒性污染物达 2.87 kg，其中 SO_2、NO_2 和 PM_{10} 分别占 90.24%、18.47%和 8.71%。通过户用沼气工程建设，其上下游 4 个环节实现人体毒性污染物减排潜力合计达 7.27 kg，其中 SO_2、NO_2 和 PM_{10} 分别占 23.91%、65.49%和 10.59%。煤炭替代和化肥替代实现的减排量最大，分别达 3.69 kg 和 3.14 kg。通过上下游环节各种副产品的再利用，户用沼气工程生命周期实现人体毒性污染物净减排量达 3.90 kg。

表 3-29　户用沼气工程生命周期人体毒性减缓潜力　单位：kg

项别	SO_2	NO_2	PM_{10}
沼气池建造	−2.59	−0.42	0.25
沼气使用	0	−0.11	0
化肥替代	0.57	2.45	0.12
煤炭替代	1.15	1.98	0.56
秸秆利用	0.02	0.33	0.08
猪粪利用	0	0	0
合计	−0.85	4.23	0.52

（3）评价结论

采用2000年世界人均环境影响基准值对户用沼气工程生命周期净节能减排量进行标准化处理即得到各种节能减排指数。结果表明，能源耗竭、温室效应、环境酸化、光化学氧化、富营养化、人体毒性 6 种环境影响类型的节能减排指数分别为 0.391 6、0.266 7、0.543 7、0.055 5、0.848 4 和 0.193 5，表示户用沼气工程生命周期的以上各类节能减排效益分别相当于该类环境影响潜力 2000 年世界人均水平的 39.16%、26.67%、54.37%、5.55%、84.84%和 19.35%。可见，户用沼气工程生命周期对富营养化、环境酸化和能源耗竭影响的减缓作用极为显著，对温室效应和人体毒性等环境影响的减缓也起到积极的作用。

第4章　农村水污染控制技术政策综合评价方法

4.1　前评价

4.1.1　评价框架

（1）基础假设

对于技术政策大纲/纲要/政策和技术导则等指导型政策和技术标准、技术规范、排放标准等指令型政策，政策效果是政策背景和政策机制相互作用的产物。农村水污染控制技术指导文件的政策背景主要是“三农”政策和环保政策，政策机制则是技术指导文件的实施途径，主要是指导农村畜禽养殖、生活污水、农田面源的监督管理、相关技术法规和排放标准的编制，指导农村水污染防治规划、农村建设项目环境影响评价、农村水污染防治设施建设、运行和水污染防治技术的研究开发。政策机制与政策背景的相容性决定了技术指导文件的实施效果。

（2）基本问题

农村水污染控制技术政策如何对农村水污染源监督管理、技术法规与排放标准、水污染防治规划、建设项目环评、水污染防治设施建设、运行等产生积极影响？如何对农村水污染控制技术的研发、示范、推广和应用产生积极影响？最终是否能有效促进技术进步、污染控制和水质改善？是否会产生不良后果？

（3）分析过程

- 理论分析：政策发挥作用的前提条件？政策对技术研发、

示范、推广与采用应用等传播过程的干预的有效性及其影响因素？

- 建立假设：哪种条件下政策（不）起作用。
- 观察现象，验证假设：通过文献调研、资料收集、问卷调查等途径观察现象，描述观察结果；采用多种方法分析政策效果与政策机制之间的关系。
- 评估效果，揭示机理：评估政策是否达到了预期效果。总结政策作用机理，即在什么样的前提条件下，会取得什么样的政策效果，基于什么样的机制？

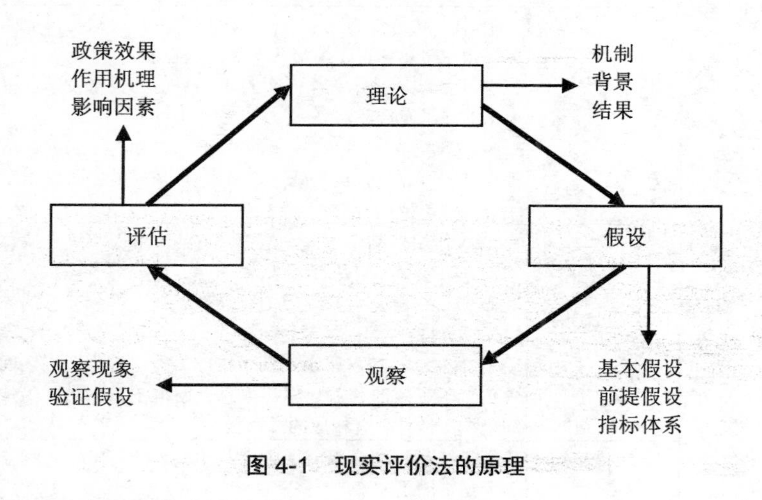

图 4-1　现实评价法的原理

4.1.2　评价流程

表 4-1　技术管理文件类农村水污染控制技术政策评价流程

评价流程	主要评价内容	要回答的关键问题
政策理论及假设分析	技术传播理论分析	政策对农村水污染控制技术从研发、推广到应用 3 个环节如何进行干预
	技术传播前提假设	各个环节有效干预的前提假设是什么；结合研发、推广和应用 3 个环节利益主体的特征，从政策背景和政策特点两个方面进行分析

评价流程	主要评价内容	要回答的关键问题
政策背景与特点分析	社会背景分析	1. 促进该政策出台的社会背景。主要回答：什么样的社会原因带来了什么样的环境后果，其表现是什么 2. 相关政策的背景分析。主要回答：在该政策出台之前，针对上述问题已经出台了什么样的相关政策，但由于什么样的原因，什么样的问题尚未解决
	政策特点分析	1. 政策对象分析：政策要解决的问题是否有社会需求？政策需求的目标群体、地域和范围 2. 政策特点分析：该政策出台的主要目的是什么？与其他相关政策的区别是什么？实施的时间？实施的区域？执法机构？主要针对的目标群体有哪些
政策机制及措施分析	技术方案的适宜性	1. 技术方案是否响应了农村水污染产生、迁移与排放的整体规律，是否体现了清洁生产和全程控制 2. 技术路线与技术方案是否代表了目前的技术发展水平与未来的技术发展趋势 3. 对政策实施主体而言，政策目标是否超出了当前经济基础提供的可能性？对实施对象而言，政策实施是否超出了其经济理性的范围
	政策机制的有效性	1. 政策作用机制是什么？是否具有约束性？相关支撑体系的责、权、利界定是否清晰 2. 政策是否具有自我运转的可能性？能否得到充分的人、财、物支持 3. 技术需求、技术研发、技术推广、技术管理四者之间是否建立了有效的利益分配与信息反馈机制？先进环保技术的采纳主体是否有相应的激励机制
	政策措施的公平性	政策措施是否综合平衡了各利益相关者的需求？各利益相关者是否满足
	政策条文的协调性	1. 该政策条文是否具有内部一致性？即技术原则、技术路线、技术方案之间具有一致性 2. 该政策与农业、农村政策法规以及其他相关环境政策法规是否相协调
政策效果验证分析	政策结果分析	政策的实施在技术、环境、资源和经济上能否达到预期要求，或是否达到了预期的要求
	作用机理分析	指出政策效果与政策背景、政策机制之间的相互关系；总结农村水污染控制技术政策成效的促进因素和限制因素
撰写评估报告	总结评估结果	指出政策的有效性、公平性和持续性如何，指出政策成败得失及其成因
	提出对策建议	从政策背景和政策机制等方面提出完善政策体系、提高政策成效的有关对策建议

4.2　后评价

4.2.1　评价框架

从确定待解决的农村水污染控制的技术问题入手，向下推演农村水污染控制污染的技术原因，从政策投入与产出角度，分析农村水污染控制技术政策的针对性；以农村水污染控制技术政策的目的与目标实现程度为导向，向上推演农村水污染控制技术政策产出的效果与影响，分析农村水污染控制技术政策的有效性与可持续性。自上而下与自下而上相结合，形成以农村水污染控制技术问题为切入点，以农村水污染控制技术政策绩效及其可持续性为导向的“投入—产出—目的—目标”的农村水污染控制技术政策评价框架，见图 4-2。

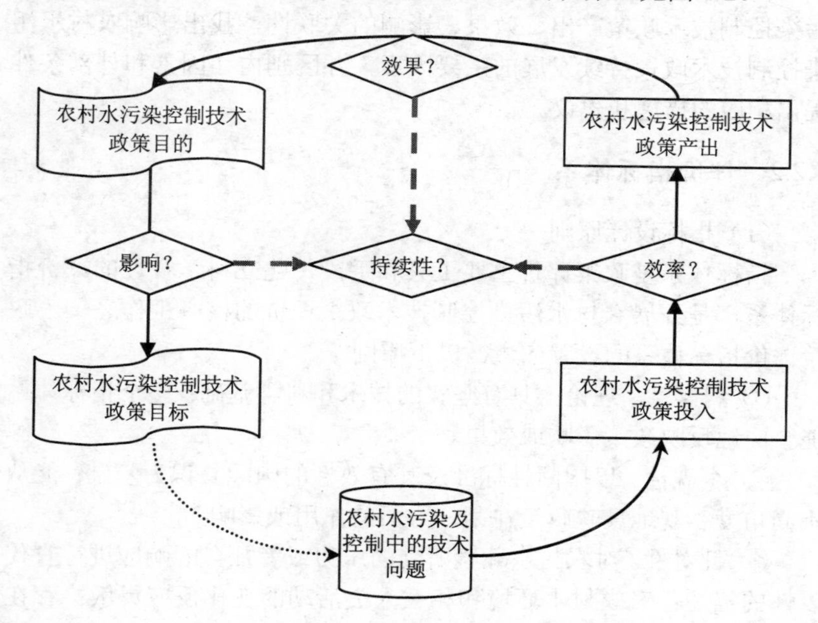

图 4-2　农村水污染控制技术政策综合评价框架

依此上述农村水污染控制技术政策的评价框架，农村水污染控制技术政策的核心评价内容为：

（1）农村水污染控制技术政策的效率评价：主要反映农村水污染控制技术政策投入与产出的关系，即反映农村水污染控制技术政策把投入转换为产出的程度，也反映农村水污染控制技术政策制定与执行的水平。

（2）农村水污染控制技术政策的效果评价：主要反映农村水污染控制技术政策的产出对农村水污染控制技术政策目的和目标的贡献程度。

（3）农村水污染控制技术政策的影响分析：主要反映农村水污染控制技术政策目的与农村水污染控制技术政策最终目标间的关系，评价农村水污染控制技术政策对当地环境、经济和社会影响。

（4）农村水污染控制技术政策可持续性分析：主要通过农村水污染控制技术政策产出、效果、影响的关联性，找出影响农村水污染控制技术政策持续发展的主要因素，并区别内在因素和外部条件提出相应的措施和建议。

4.2.2 评价指标体系

（1）指标设计原则

指标体系是政策评价主要工具和手段，建立科学合理的评价指标体系，是开展农村水污染控制技术政策评价的核心工作之一。政策评价指标体系的设置应遵循以下原则。

① 科学性。理论上具有坚实的技术和科学基础；整个指标体系能全面地反映政策影响或效果。

② 客观性。以国际性标准及其有效性的国际共识为基础；能从不同角度客观地反映政策在某一方面的作用或影响。

③ 针对性。对农村水环境所受的压力或者社会的响应进行有代表性的描述；对农村水环境和相关人类活动的变化反应灵敏；存在一个阈值或参考值，可以与之进行比较，以便使评价者能够对与之相关的数值的显著性做出判断。

④ 可行性。可以与经济模型、预测或信息系统联结；数据可以获得；能为国际比较提供基础；简明、易于理解，能够显示出随时间变化的趋势；可以定期更新。

（2）指标体系结构

借鉴逻辑框架法的“投入—产出—目的—目标”评价逻辑思路，结合农村水污染控制技术政策的内涵，本研究依据政策从制定到实现的生命周期过程，提出从政策设计、政策执行、政策产出、政策效果和政策影响 5 个方面对农村水污染控制技术政策进行系统的评价。

① 政策设计。政策设计指标考察农村水污染控制技术政策体系是否健全，是否根据研究区实际情况制定了农村水污染控制技术目录、指南、技术规范等技术指导文件，是否出台了含有农村水污染控制技术的科技推广项目资助制度。

② 政策执行。政策投入指标为实现农村水污染控制技术的推广和水质的改善而投入的人力、物力和财力状况，可以从组织领导、资金筹措和监管制度等方面来进行考察。

③ 政策产出。政策效果指标考察了农村水污染控制技术政策实施的产出情况，反映了农村水污染控制技术政策投入的效率，具体来说，反映了政策设计的合理性和政策执行的效率，可以从农村水污染控制技术推广和设施建设状况两个方面来考察。

④ 政策效果。政策效果指标考察农村水污染控制技术政策的制定和实施对农村水污染的控制效果，该类指标反映了农村水污染控制技术政策目的的实现状况，可以从农村水污染控制技术推广或工程设施的建设质量、污染物排放强度的削减状况、农村水污染物的削减状况等方面来考察。

⑤ 政策影响。政策影响指标考察农村水污染控制技术政策的制定和实施对农村环境—经济—系统的影响，该类指标反映农村水污染控制技术政策目标的实现情况。政策影响从影响途径来说，可分为直接影响和间接影响，从影响对象来看，可以分为环境影响、经济影响和社会影响。环境影响可以考察对农村水质改善的直接影响

以及对大气、土壤环境质量的间接影响；经济影响可以从对农户收支或农村经济发展的影响业考察；社会影响可以从对农村环境卫生和居民健康等角度来考察。

根据以上分析，建立农村水污染控制技术政策综合评价指标体系结构如图 4-3 所示。

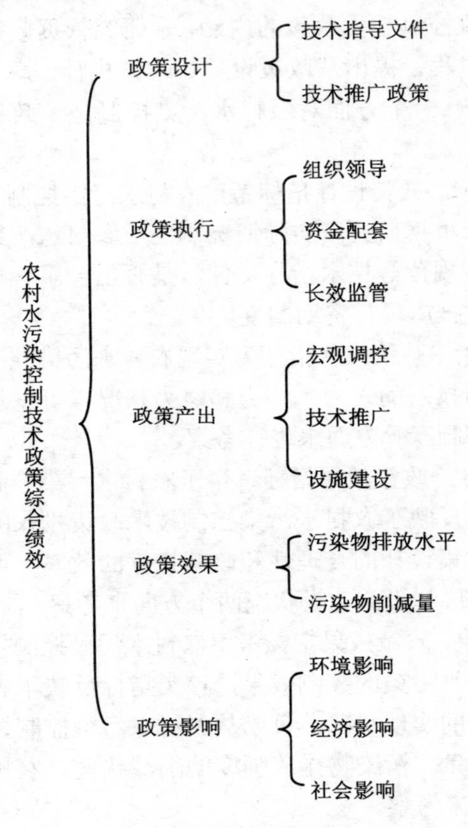

图 4-3 综合绩效

（3）评价指标考量

对农村水污染控制技术政策进行定量评价，须明确评价指标的考量因素并给出评价标准。表 4-2 列出了农村水污染提出的农村水污染控制技术政策综合评价指标体系中各三级指标的具体考量因素：

表 4-2　农村水污染控制技术政策综合评价指标考量

一级指标	二级指标	三级指标	考量因素
政策制定	技术指导文件	技术目录/指南	是否制定了地方农田面源污染防治、畜禽养殖污染防治或农村生活污水处理技术目录或技术指南
		技术规范	是否制定了地方农田面源污染防治、畜禽养殖污染防治或农村生活污水处理技术的相关技术规范
	技术推广政策	技术推广促进政策	是否出台了成文的、旨在示范推广农田面源污染防治、畜禽养殖污染防治或农村生活污水处理技术的政策、法规或制度
政策执行	组织领导	队伍建设	乡镇是否设立了环保机构，配备专职人员负责农田面源污染防治、畜禽养殖污染防治或农村生活污水处理工程设施或技术推广项目的实施和管理
		过程管理	是否对农田面源污染防治、畜禽养殖污染防治或农村生活污水处理工程设施或技术推广项目进行了监督管理、进度汇报等过程管理
	资金配套	资金筹措	中央和地方政府是否落实了农田面源污染防治、畜禽养殖污染防治或农村生活污水处理工程设施或技术推广项目的配套资金
		资金使用	资金是否按时按量下拨；预算执行情况如何；资金是否得到了专款专用
	监管制度	长效运行机制	农田面源污染防治、畜禽养殖污染防治或农村生活污水处理工程设施的运行养护制度落实情况如何
政策产出	宏观调控	结构调整	农田面源污染防治技术政策评价考察是否调减了高污染种植业的比例？畜禽养殖污染防治技术政策评价考察规模化养殖场、养殖小区的比例
		布局优化	高污染物种植物、养殖业是否逐步远离水环境敏感区
	技术推广	清洁生产技术推广	各类减氮控磷以及病虫害防治技术的推广率；畜禽养殖污染防治技术政策评价考察各类生态养殖技术的推广率；农村生活污水处理技术政策评价考察各类节水或循环用水技术的推广率
		水质改善技术推广	农田面源污染防治技术考察各类氮磷或农药迁移阻截或末端处理技术的推广率；畜禽养殖污染防治技术政策评价考察各类环境友好的粪污综合利用技术推广率；农村生活污水处理技术政策评价考察各类节水或循环用水技术的推广率

一级指标	二级指标	三级指标	考量因素
政策产出	设施建设	设施建设项目数	畜禽养殖污染防治技术政策评价考察各类粪便和污水处理或综合利用示范项目数量；农村生活污水处理技术政策评价考察农村生活污水处理设施的建设数量
		设施覆盖率	畜禽养殖污染防治技术政策评价考察建有各类粪便和污水处理设施的养殖场比例；农村生活污水处理技术政策评价考察拥有农村生活污水处理设施的村庄比例
政策效果	环境压力	单位面积污染负荷	农田面源污染防治技术考察单位面积氮、磷施用量或者氮磷利用效率；畜禽养殖污染防治技术政策评价考察粪便产生量以及单位耕地面积粪便负载量；农村生活污水处理技术政策评价考察生活污水产生量
	污水处理	污水处理能力	区域农村生活污水处理率；建有废水处理设施的规模化养殖场比例
		水污染物去除能力	考察各类农村水污染治理设施的COD、TN、TP、SS等主要污染物的实际去除率以及是否达到了设计标准
	污水排放	水污染物排放量	农田面源污染防治技术考察单位面积氮、磷流失量；畜禽养殖污染防治技术政策评价考察污水排放量；农村生活污水处理技术政策评价考察生活污水排放量
政策影响指标	环境影响指标	水质改善状况	考察农村水污染控制技术政策的实施对农村居民点周边沟渠、河道等水体的水质改善的作用
		其他环境影响	考察农村水污染控制技术政策的实施对大气、土壤等其他环境状况的影响
	经济影响指标	农户收支影响	农村水污染控制技术政策的实施对农村居民收入或支出的影响
		农村经济影响	农村水污染控制技术政策的实施对农村经济发展的影响
	社会影响指标	农村居民环保意识影响	考察农村水污染控制技术政策的实施量是否有助于提高农村居民对环境质量状况的认识水平，是否有助于改善其在生产和消费中的环境保护意识
		农村居民健康影响	农村水污染控制技术政策的实施是否有助于农村环境质量的改善从而提高农村居心的身体健康水平

（4）评价标准选择

对于定量评价指标，确定评价基准值的依据是：凡国家或行业在有关政策、规划等文件中对该项指标已有明确要求值的就选用国家要求的数值；凡国家或行业对该项指标尚无明确要求值的，则选用评价基准年的指标值，有利于开展年际动态评价。在定性评价指标体系中，衡量该项指标是否有利于推进农村水污染控制技术进步或是否贯彻执行国家、地方有关政策、法规，以及企业的生产状况，按好、中、差或高、中、低等情况来进行半定量评判。

（5）评价指标量化

针对评价范围或评价对象的不同，C 级指标应具体情况具体分析，本研究分别依据农田面源污染防治技术政策、畜禽养殖污染防治技术政策以及农村生活污水治理技术政策综合评价对象的差异，构建了各三级指标的量化分值表，并给出了相应的评价依据，具体见表 4-3、表 4-4 和表 4-5。

表 4-3　农田面源污染防治技术政策综合评价量化指标

评价内容		评价项目	量化指标及分值	分项满分
政策制定	技术指导文件	技术目录/指南	是否制定了地方农田面源污染防治技术目录或技术指南？是得 5 分，否得 1 分	5
		技术规范	是否制定了地方农田面源污染防治技术的相关技术规范？是得 5 分，否得 1 分	5
	技术推广政策	技术推广促进政策	是否出台了成文的、旨在示范推广农田面源污染防治、畜禽养殖污染防治或农村生活污水处理技术的政策、法规或制度？视政策健全情况，酌情给 5 分、3 分或 1 分	5
政策执行	组织领导	队伍建设	乡镇是否设立了环保机构，配备专职人员负责农田面源污染防治技术推广项目的实施和管理？是得 3 分，否得 1 分	3
		过程管理	是否对农田面源污染防治技术推广项目进行了监督管理、进度汇报等过程管理	3
	资金配套	资金筹措	中央和地方政府是否落实了农田面源污染防治农村生活污水处理工程设施或技术推广项目的配套资金	6
		资金使用	资金是否按时按量下拨？预算执行情况如何？资金是否得到了专款专用？按好、中、差，分别得 6 分、3 分和 0 分	6

评价内容		评价项目	量化指标及分值	分项满分
政策执行	监管制度	长效运行机制	农田面源污染防治技术或设施的长效运行制度落实情况如何？按好、中、差，分别得6分、3分和0分	6
政策产出	宏观调控	结构调整	农田面源污染防治技术政策评价考察是否调减了高污染种植业的比例？按结构调整情况好、中、差，分别得5分、3分和1分	5
		布局优化	高污染物种植业是否逐步远离水环境敏感区？按布局优化状况好、中、差，分别得5分、3分和1分	5
	技术推广	平衡施肥技术推广	各类减氮控磷以及病虫害防治技术的推广率	5
	设施建设	农田排水处理设施	靠近敏感水体的农田是否建有生态沟渠、缓冲带、人工湿地、生态浮岛等工程设施？视建设数量情况，按较多、较少和无，给3分、2分和1分	3
政策效果	环境压力	单位面积施肥量	按粮食作物施氮量 300 kg/hm^2、经济作物施氮量 400 kg/hm^2 为基准，每超过 25 kg 减1分，直至得分为0	10
	污染负荷	氮磷流失量	以环保部发布的污染源普查数据的肥料对照流失量为基准，农田氮素流失量（径流量＋淋溶量）每增加 1 kg/hm^2，得分减1分，直至得分为0	10
政策影响指标	环境影响	水质改善状况	考察农村水污染控制技术政策的实施对农田周边沟渠、河道等水体的水质改善的作用。视好、中、差，分别给5分、3分和1分	5
		其他环境影响	考察农田面源污染防治对大气、土壤等其他环境状况的影响。视好、中、差，分别给5分、3分和1分	3
	经济影响	农户收支影响	考察农田面源污染防治技术应用对农户生产成本的影响，每节支5%得1分，直至满分	6
		农村经济影响	考察农田面源污染防治对种植业产量的影响，每增产5%得1分，直至满分	6
	社会影响	农村居民环保意识影响	考察农田面源污染防治对农户环保意识的影响，视好、中、差，分别给3分、2分和1分	3

表 4-4　畜禽养殖污染防治技术政策综合评价量化指标

评价内容		评价项目	量化指标及分值	分项满分
政策制定	技术指导文件	技术目录/指南	是否制定了地方畜禽养殖污染防治技术目录或技术指南？是得 5 分，否得 0 分	5
		技术规范	是否制定了地方畜禽养殖污染防治技术的相关技术规范？是得 5 分，否得 0 分	5
	技术推广政策	技术推广促进政策	是否出台了成文的、旨在示范推广畜禽养殖污染防治的政策、法规或制度？视政策健全情况，酌情得 5 分、3 分或 1 分	5
政策执行	组织领导	队伍建设	乡镇是否设立了环保机构，配备专职人员负责畜禽养殖污染防治项目的实施和管理？是得 5 分，否得 1 分	3
		过程管理	是否对畜禽养殖污染防治项目进行了监督管理、进度汇报等过程管理？是得 3 分，否得 0 分	3
	资金配套	资金筹措	地方政府是否落实了畜禽养殖污染防治项目的配套资金？视配套情况好、中、差，得 5 分、3 分和 1 分	5
		资金使用	资金是否按时按量下拨？预算执行情况如何？资金是否得到了专款专用？视好、中、差，分别得 5 分、3 分和 1 分	5
	监管制度	长效运行机制	畜禽养殖污染防治设施的运行养护制度落实情况如何？视好、中、差，分别得 5 分、3 分和 1 分	5
政策产出	宏观调控	结构调整	畜禽养殖污染防治技术政策评价考察规模化养殖场、养殖小区的比例？80%以上得 3 分，60%～80%得 2 分，40%～60%得 1 分，40%以下得 0 分	3
		布局优化	视规模化养殖场距离水环境敏感区距离的远、中、近，分别得 5 分、3 分和 1 分	5
	技术推广	生态养殖技术推广率	考察各类生态养殖技术的推广率；视高、中、低，分别得 4 分、2 分和 0 分	4
		粪污综合利用率	粪便综合利用率 100%为满分，每降低 5%依次减 1 分，直到得分为 0	5
	设施建设	设施覆盖率	沼气工程推广率 100%为满分，每降低 20%减 1 分	5

评价内容		评价项目	量化指标及分值	分项满分
政策效果	环境压力	单位面积粪便负荷	考察单位耕地面积粪便负载量，0～5 t 得 4 分，5～10 t 得 3 分，10～15 t 得 2 分，15～20 t 得 1 分，20 t 以上得 0 分	4
	污水处理	综合利用率	畜禽养殖污染综合利用率 100%为满分，每降低 20%减 1 分	4
	污水排放	无处理无利用率	没有建设任何污水处理设施的养殖场比例，0～10%得 6 分，每增加 10%减 1 分，直至得分为 0	4
		废水处理设施质量	考察畜禽养殖场废水处理设施是否达到了设计标准，视其比例高低，酌情给 6 分、4 分和 2 分	6
政策影响指标	环境影响指标	水质改善状况	考察畜禽养殖污染防治对农村沟渠、河道等水体的水质改善的作用，视好、中、差，分别得 5 分、3 分和 1 分	6
		其他环境影响	考察畜禽养殖污染防治技术政策的实施对大气、土壤等其他环境状况的影响，视好、中、差，分别给 5 分、3 分和 1 分	3
	经济影响指标	农户收支影响	畜禽养殖污染防治技术政策的实施对畜禽养殖场经济状况的影响，视小、中、大，分别得 6 分、4 分和 2 分	6
		农村经济影响	畜禽养殖污染防治技术政策的实施对农村经济发展的影响，视好、中、差，分别得 5 分、3 分和 1 分	3
	社会影响指标	农村居民环保意识影响	考察畜禽养殖污染防治技术政策的实施量是否有助于提高农村居民对环境质量状况的认识水平，是否有助于改善其在生产和消费中的环境保护意识。视好、中、差，分别得 3 分、2 分和 1 分	3
		农村居民健康影响	考察畜禽养殖污染防治技术政策的实施是否有助于农村环境质量的改善，从而提高农村居民的身体健康水平，视好、中、差，分别得 5 分、3 分和 1 分	3

表 4-5　农村生活污水处理技术政策综合评价量化指标

评价内容		评价项目	量化指标及分值	分项满分
政策制定	技术指导文件	技术目录/指南	是否制定了地方农田面源污染防治技术目录或技术指南	5
		技术规范	是否制定了地方农田面源污染防治技术的相关技术规范	5
	技术推广政策	技术推广促进政策	是否出台了成文的、旨在示范推广农田面源污染防治、畜禽养殖污染防治或农村生活污水处理技术的政策、法规或制度	5
政策执行	组织领导	队伍建设	乡镇是否设立了环保机构，配备专职人员负责农田面源污染防治技术推广项目的实施和管理	3
		过程管理	是否对农村生活污水处理工程设施或技术推广项目进行监督管理、进度汇报等过程管理	3
	资金配套	资金筹措	地方政府是否落实了农村生活污水处理工程设施或技术推广项目的配套资金	6
		资金使用	资金是否按时按量下拨？预算执行情况如何？资金是否得到了专款专用	6
	监管制度	长效运行机制	农村生活污水处理工程设施的运行养护制度落实情况如何	6
政策产出	污水收集	污水收集设施覆盖率	考察拥有农村生活污水收集设施的村庄比例，覆盖率 80%以上为 8 分，每降低 10 个百分点，减 1 分，直至为零分	8
	污水处理	污水处理设施覆盖率	考察拥有农村生活污水处理设施的村庄比例，81%～100%得 8 分，每降低 10 个百分点减 1 分	8
政策效果	污水处理	有机的去除能力	农村生活污水处理设施的出水的 COD、氮、磷去除率指标是否达到了设计标准？视比例值的高、中、低，酌情得 1～10 分	9
	污水排放	污水处理设施出水质量	农村生活污水处理设施的出水的 COD、氮、磷指标是否达到了功能区水质标准要求？视达标率的高、中、低，酌情得 1～10 分	9

评价内容		评价项目	量化指标及分值	分项满分
政策影响	环境影响指标	水质改善状况	考察农村生活污水处理技术政策的实施对农村居民点周边沟渠、河道等水体的水质改善的作用	6
		其他环境影响	考察农村生活污水处理技术政策的实施对大气、土壤等其他环境状况的影响	3
	经济影响指标	农户收支影响	农村生活污水处理技术政策的实施对农村居民收入或支出的影响，视轻、中、重，分别得 6 分、4 分和 2 分	6
		农村经济影响	农村生活污水处理技术政策的实施对村庄集体经济压力的影响，视轻、中、重，分别得 6 分、4 分和 2 分	6
	社会影响指标	农村居民环保意识影响	考察农村生活污水处理技术政策的实施量是否有助于提高农村居民对环境质量状况的认识水平，是否有助于改善其在生产和消费中的环境保护意识，视好、中、差，分别得 5 分、3 分和 1 分	3
		农村居民健康影响	农村生活污水处理技术政策是否有助于农村环境质量的改善，从而提高农村居民的身体健康水平，视好、中、差，分别得 5 分、3 分和 1 分	3

4.2.3 评价技术流程

本流程从农村水污染控制技术政策项目的绩效入手，逐步分析回答以下关键问题：该政策项目制订的任务的执行与完成情况；分析政策项目执行效果的成败得失及其成因，最后基于以上分析撰写评估报告。

（1）政策的背景与特点分析

① 促进该政策出台的社会背景。主要回答：什么样的社会原因带来了什么样的环境后果，其表现是什么？

② 相关政策的背景分析。主要回答：在该政策出台之前，针对上述问题已经出台了什么样的相关政策，但由于什么样的原因，什么样的问题尚未解决？

③ 政策的特点。主要回答：该政策出台的主要目的是什么？使用了什么样的措施手段？与其他相关政策的区别是什么？实施的时间？实施的区域？执法机构？主要针对的目标群体有哪些？长期、

短期的目标是什么？

（2）确定评价对象的时空范围

就时间而言，如背景分析所述，不同的政策时间有重叠，因而评价时间最好选择在该政策实施后到下一个相关政策实施之前。

由于水污染很多是跨界的，而且是以流域或集水区为基本单元，而污染源数据的搜集一般是以行政为单位，因而选择合适的区域，保证数据获取的一致性，对评估结果的可靠性很重要。

由于政策实施效果的区域差异很大，在数据一致性的基础上，通过对数据的初步分析，选择效果显著和不显著的区域，进行同步比较分析，从而确定哪些因素是影响政策成功实施的关键因素。

（3）评价指标的赋值与评判

对技术规划、运行机制的实施状况进行定性分析，对资金管理进行年际间的动态分析，阐明政策方案的执行力度。

以基准年数值或规划值为评价基准，对技术推广、设施建设等政策产出进行数量分析，依据完成程度或增长幅度，评价政策产出的显著性。

以基准年数值或规划值为评价基准，对污水处理能力、污染物削减情况等政策效果进行数量分析，依据完成程度或增长幅度，评价政策效果的显著性。

（4）评价结果的解析与建议

农村水污染控制技术政策的评价结果的评定以综合评价得分为依据，总分为 100 分，评价结果分为 4 个等级，90 分以上的绩效为好，70～89 分较好，60～70 分为一般，60 分以下为差。

如果政策投入（包括政策设计和政策实施）力度较大，政策产出和政策效果显著，则政策有效性较好。否则有效性较差或不确定，需进行后续分析，并提出政策建议，分析方法见表 4-6。

表 4-6　评价结果解析方法

一致性分析结果		后续工作	资料来源	分析方法
政策指标与目标相一致	指标评价结果显著	或终止评价，进行评价结果的撰写	—	—
		如果有相关政策同时作用时，进行区域比较分析和时间序列分析，继而进行评价结果报告的撰写	统计资料；问卷调查	回归分析法；比较分析法
	指标评价结果不显著	政策目标的合理性分析：确定政策目标设计是否合理，是否满足当前的需求	文献研究；政策条文	类比分析法
		政策间协调性分析：确定是否有相关政策影响了该政策的效果	政策条文	对比分析法
		监督机制的有效性分析	问卷调查；访谈；专家评价	
		对目标群体的接受性分析	问卷调查法；访谈法	财务分析法
政策目标指标与措施指标不一致	政策措施指标显著，目标指标不显著	政策的需求性分析，或政策目标的可达性分析	专家评价	模型模拟法
	政策措施指标显著，目标指标显著	确定无相关政策影响的同时，终止评价，撰写评价报告	—	—
		如果有相关政策同时作用时，进行区域比较分析和时间序列分析，继而进行评价结果报告的撰写	统计资料；问卷调查	回归分析法；比较分析法
	政策措施指标不显著，目标指标显著	政策的需求性分析	专家评价；文献研究	比较分析法
	政策措施指标不显著，目标指标也不显著	确定政策目标与措施设计是否合理，是否满足当前的需求	专家评价；文献研究	类比分析法；模型模拟法

4.2.4　评价结果分析

4.2.4.1　对比分析法

（1）“前-后”对比分析

对于某些功能比较单一、便于规范化操作的政策，对其执行效果的评价可以采用政策执行前与政策执行后的情况对比法。该方法比较简便，容易操作，对非政策因素的影响可忽略不计，只给出粗略的评价结果。

（2）“投射-实施后”对比分析

倾向线投射点与实际点对比法是根据政策执行前的有关情况建立倾向线，然后将该倾向线投射到政策执行后的某一时点上，该时点代表着如果没有执行该政策的状态点 A；政策执行后的实际情况状态点 B 代表着该政策执行后所发生的情况，变化量 $B-A$ 就是实施该项政策的效果。

实际上，倾向线投射点与实际点对比法是对前后对比法的改进方法，即政策评价者在分析政策执行前的情况基础上，给出没有执行政策时政策调控对象的趋势线，然后将该趋势线延长到该项政策执行后的某一时点上，从而在一定程度上把非政策因素的影响排除。这种方法比较适用于在政策制定阶段进行的预测评价过程。

（3）“有-无”政策对比分析

采用政策影响对象和非政策影响对象对比法进行政策执行评价，经常是在实施影响大且有一定政策风险的政策试点中采用。通常是将试点对象作为一组，经过一段时间后，将其政策执行效果与尚未试点的另一组进行比较，通常也将这种方法称为“社会实验法”。采用这种评价方法的一个前提条件就是两组对象在执行该项政策前的发展状态必须基本上处于同一或接近的水平。

（4）“控制对象-实验对象”的对比分析

找两组水平相同的政策对象，一组采用政策，而另一组不采用政策进行的对比实验。对实验组（采用政策）和控制组（不采用政策）的前后结果进行比较，可以得到政策效果。它与“有-无”政策对比分析不同的是，本分析方法中两组对象在评估前是相似的，而且评估者可以有条件地对评估对象的各种可变因素进行一定程度的控制，以尽可能消除其他因素的影响。其优点是两组政策对象在评估前起点完全一致，政策效果可以通过对比直观准确地反映出来，缺点是评估和技术性要求较高，实施难度较大。

4.2.4.2 统计分析法

统计分析包括定量或定性数据处理，以描述现象并推断变量之间的关系。恰当地使用统计分析要求理解技术分析背后的假设。报告评价研究的结果通常以简洁的方式表示大量数据。

统计分析有两个主要用途：① 描述。统计表格、图表和统计量，诸如均值和方差，可以刻画数据的主要特征。数据和统计量通常可以使用图表方便地以可视形式展示出来。例如，柱形或条形统计图表可用于显示分布，而“饼形”或盒式图可用于说明相对比重。② 推断。也就是检验变量之间的关系，并将检验结果推广到更大的样本总体。当然，统计分析只表明项目前后结果存在统计上的显著差异，但并没有证明差异是否归因于项目。若被检验的组足够大并在统计上代表全部样本，可以预期，若项目被扩展，则可以得到类似结论。

最常用的统计分析方法是回归分析法，它可被用于检验假设关系，来确定可能解释项目结果的变量之间的关系，确定偏离标准的例外情形，或就未来的项目效应进行预测，更常见的是最终确认和度量用作项目和被观测效应之间的因果关系。实际上，回归模型以关于因果关系的事先推理为基础是重要的。为稳健起见，仅使用一半可得数据详细说明并校准模型，继而查看模型是否是另一半数据显示结果的良好预测。若如此，则模型可能是稳健的。当然，相关关系并不必然意味着因果关系。例如，两变量可能相关，仅因为它们都由第三个变量导致。

统计分析法适用于农村水污染控制技术政策投入与产出，措施与目标之间的因果关系的推断。例如，可用于农村水污染控制技术采纳行为与政策因素之间关系的推断。

技术为需求者所接受并利用才能体现技术与技术政策的有效

性，因此农村水污染控制技术政策的有效性最终还需依赖于技术部门的推广程度和采用者对技术的采纳与接受状况，尤其是后者，直接关系到农村水污染技术的发展与应用水平。因此本研究从农村水污染控制技术采纳行为来构建农村水污染控制技术政策有效性的微观分析基础。农村居民采用农村水污染控制技术主要取决于技术认知、政策环境、个人特征和家庭特征 4 类因素。

① 认知因素（X_C）。主要是指技术经济认知和环境健康认知。首先是技术经济认识。一个农户根据自己或者周围的实例得出对一项技术好的评价，那么这个农户会倾向于采纳该技术；如果对技术评价不确定，那么采纳意向就会略有降低；如果对技术的评价完全是负面的，那么将不会采纳。农村居民对农村水污染控制技术效果的认知，包括对其技术经济性、有效性和适宜性的认知。其次是环境健康认知，农村居民对水环境质量及生态平衡的关注程度影响农民和农村居民对农村水污染控制技术的采用行为。农户如果认识到农业生产生活污水排放导致的水污染及其对健康的危害，他们就会拒绝或减少不可持续的农业生产技术而尽可能使用可持续的农业生产技术或水污染处理技术。但是显然，若可持续农业技术的采用减少了农户收入或农村生活污水处理的成本太高，农户和农村居民采用农村水污染控制技术的意愿就会打折扣。目前，对农产品安全与健康关系的认识已逐渐深入人心，在农村也是如此。农村居民对水污染健康危害的认识会影响其采纳农村水污染控制技术的行为。

② 政策环境(X_E)。主要是农村水污染控制技术的示范推广模式、宣传力度等。技术推广模式如“示范＋全部补贴”推广模式、“示范＋部分补贴”推广模式、“示范＋强制”推广模式、仅示范推广等。理论上，政府进行补贴比没有补贴的推广效果要好，强制比不强制的效果要好；接触过相关宣传培训的农户采纳新技术意愿比没有接触过的农户要高。

③ 家庭特征（X_F）。包括家庭人均受教育程度、现有住房价值、劳均土地规模、劳均土地块数、劳均农业收入、粮食商品化程度。由于农村水污染控制技术采纳与否的决策可能并非一个人做出的，

因此家庭平均受教育程度可能比户主受教育程度更显著；现有住房价值越高则表明农户承受投入成本的能力越强，抗风险的能力越强，越倾向于采纳农村生活污水处理技术；劳均土地规模越大越倾向于采纳农田面源污染控制技术；劳均土地块数越多，土地越分散，机械化作业难度越大，则采纳农田面源污染控制技术的边际收益会降低，劳动投入会较大，机会成本较高，因此采纳农田面源污染控制技术意愿可能会越低；劳均农业收入越高可能会越倾向于技术改进；粮食商品化程度越高，农户采纳新技术的激励越大。

④ 个人特征（X_P）。包括户主年龄、性别、身体状况、是否干部、是否党员、是否退伍军人。理论上，年龄越大越趋于保守，采纳农村水污染控制技术的意向降低；就性别而言，女性可能更关注环境与健康问题，采纳农村水污染控制技术的意愿会较高；对身体不健康的农户来说，可能更关注环境污染带来的问题，采纳农村水污染控制技术的意愿会提高；干部、党员、退伍军人等可能容易接受新事物，采纳新技术意愿较高，会倾向于采纳农村水污染控制技术。

为了检验上述农户采纳农村水污染控制技术的意愿及其影响因素的假说，根据前面的变量分类，将农村水污染控制技术采纳行为的影响因素设定为以下函数形式：

$$y = F(X_p, X_F, X_C, X_E) + \mu \tag{4-1}$$

式中：y—— 农村居民采纳某项农村水污染控制技术（面源污染控制技术、畜禽养殖废水处理、农村生活污水处理技术等）的意愿，采纳了该项技术为 1，没采纳则为 0；

μ—— 误差面。

采用 Logit 模型进行计量分析，具体模型形式如下：

$$P_i = F\left(\alpha + \sum_{i=1}^{n} \beta_i x_i\right) = 1/\left\{1 + \exp\left[-\left(\alpha + \sum_{i=1}^{n} \beta_i x_i\right)\right]\right\} \tag{4-2}$$

根据式（4-2），得到：

$$\ln\left(\frac{P_i}{1-P_i}\right)=\alpha+\sum_{i=1}^{n}\beta_i x_i \qquad (4\text{-}3)$$

式中：P_i—— 单个农户采纳某一技术的概率；

x_i—— 第 i 个影响因素；

α—— 常数项；

β_i—— 第 i 个影响因素的系数。

4.3　实例分析

4.3.1　浙江省畜禽养殖污染防治技术政策评价

（1）浙江省畜禽养殖业发展水平与污染状况

2009 年浙江省开展了畜禽养殖业污染源普查，实际调查了规模化畜禽养殖场（户）、小区 4 180 个，其中猪场 3 674 个，牛场 102 个，蛋鸡场 100 个，肉鸡场 304 个；畜禽养殖小区 69 个，其中生猪养殖小区 38 个，牛养殖小区 17 个，蛋鸡养殖小区 10 个，肉鸡养殖小区 4 个。从养殖规模来看，其中 200 头（2 000 羽）以下的规模养殖场有 219 家，占 5.2%；200～500 头（2 000～5 000 羽）的 1 836 家，占 43.9%；500 头（5 000 羽）以上 2 131 家，占 50.9%。

从养殖总量来看，全省畜禽养殖主要集中在杭州、衢州和嘉兴地区，其次是金华、绍兴、宁波和温州。从养殖场分布来看，全省规模化养殖场主要分布在嘉兴和衢州地区，其次是金华、绍兴和杭州。

根据普查更新调查结果显示，2009 年浙江省畜禽普查对象共产生粪便 272.36 万 t。污水产生量 1 750.36 万 t，排放量 573.43 万 t；COD 产生量 66.56 万 t，排放量 10.85 万 t；总氮产生量 4.13 万 t，排放量 1.26 万 t；氨氮产生量 0.503 万 t，排放量 0.201 万 t；总磷产生量 0.705 万 t，排放量 0.154 万 t；铜产生量 273.5 t，排放量 45.15 t；锌产生量 461.04 t，排放量 67.99 t。

（2）浙江省畜禽养殖污染防治技术政策简介

① 组织领导

为进一步推进畜禽养殖场排泄物污染整治，保护和改善农村生态环境，2005 年，浙江省委、省政府把规模化畜禽养殖场治理任务列入生态省建设年度目标责任书一类目标。省农业厅专门成立了整治工作领导小组，明确责任单位和责任人。各地农业部门也相应都成立了领导小组，绍兴、诸暨、上虞等地由政府分管领导亲自担任组长。省农业厅将这项任务列为《浙江省农业三项安全目标管理责任书》的考核内容，层层签订责任状，狠抓责任落实。温州、舟山等市将这项工作列入政府、农业部门的一类考核目标。省农业厅、省环保局等部门切实加强对整治工作的督促检查，建立“倒逼”机制和信息进度月通报制度。相继出台了《关于推进规模化畜禽养殖场污染治理行动的通知》（浙农专发[2005]49 号）、《关于进一步推进畜禽养殖场排泄物治理工作的若干意见》（浙农专发[2006]24 号）、《关于进一步加强畜禽养殖业污染防治推进生态畜牧业发展的意见》（浙环发[2008]60 号）、《关于进一步深化畜禽养殖污染防治加快生态畜牧业发展的若干意见》（浙环发[2010]26 号）等规范性文件，为全面推进整治工作提供了政策保障。

② 资金筹措

浙江省财政设立了专项资金，对规模化畜禽养殖场治理项目以“以奖代补”的方式给予资金支持。省财政对年存栏猪 1 500 头、1 000 头、500 头、300 头、200 头以上及畜禽粪便收集处置中心分别给予 10 万元、8 万元、5 万元、4 万元、3 万元和 20 万元资金补助。禁限养区内关闭或搬迁牧场按照省政府企业拆迁有关扶持政策（浙政办发[2005]107 号文件）的意见由当地政府负责解决。各地积极出台配套政策，落实配套资金，并在用地、信贷、税收等方面给予优惠政策和扶持措施。为确保实现专款专用、达到预期成效，实行每年年初下达治理任务，年底治理项目通过核查验收后再进行拨付。截至 2008 年年底，全省规模化畜禽养殖场治理工作累计投入资金 6.3 亿元，其中省财政安排补助资金 2.1 亿元，各级财政配套 1.1 亿元，其余由养殖户自行解决。为确保长效运行效果，各地积极建立完善后续服务体系，宁波市等地出台了有机肥使用扶持政策，嘉兴、衢州市制定了《关于推进农村沼气服务规范化建设，加强后续服务管理的意见》。

③ 强化执法

畜禽养殖的环境污染治理是关系农村环境质量的一大问题。多年来，浙江省环保部门与农业部门联手，出台了一系列政策，加强对畜禽养殖的环境监管，督促标准的实施。

各地环保部门会同农业部门，采取专项督查和日常性监督等多种方式，依法查处畜禽养殖场的各种环境违法行为。各地对存栏猪 500 头（存栏牛 50 头）以上规模养殖场的专项摸底检查，重点对“811”环境污染整治行动开展以来已完成治理的规模场及畜禽粪便收集处理中心治理设施运行、管理和维护情况进行检查，确保治理设施正常有效运行。

各地根据当地畜禽养殖业特点及环保执法检查行动，实施环境监察。湖州市对检查情况执行通报制度，直接将进展情况向市委、市政府主要领导、分管领导及县区主要领导、分管领导报告，推动治理工作有序开展。湖州对辖区内的所有年存栏猪 300 头以上规模化养殖场 220 家进行了实地检查，其中新建综合利用设施的 107 家。衢州市对其中的 328 家年存栏猪 500 头（牛 50 头）以上规模化养殖场进行了实地检查，检查覆盖率占规模化养猪场总数的 77.4%，新建综合利用设施的 156 家，被关闭的养殖场有 6 家。奉化通过检查基本摸清了畜禽养殖业污染底数和环境守法状况，关闭了长期存在环境问题的溪口张孝飞牧场。

同时，各地建立了有效的举报制度，发动群众对擅自向水体等环境排放畜禽养殖污染物的行为进行举报，强化社会监督。

此外，根据《关于进一步深化畜禽养殖污染防治加快生态畜牧业发展的若干意见》（浙环发[2010]26 号）的要求，各地逐步将规模化养殖场纳入环保部门监督监测的范围，以进一步推进规模化畜禽养殖场排泄物污染整治。

2010 年 7—9 月，浙江省环保厅和省农业厅组成检查组对杭州、嘉兴、湖州、金华、衢州等市开展了规模化畜禽养殖场污染治理专项执法检查。检查发现浙江省部分规模化畜禽养殖场内部管理有待完善，污水超标排放依然存在；部分地区养殖密度过大、长效监管尚待进一步完善；环评执行率、排污申报率不高。

④ 规模调整

为切实解决畜牧业发展与环境和谐共存的矛盾，近年来，浙江省各地紧紧围绕省委、省政府提出的“生态省”建设目标，大力推进畜禽规模养殖场（小区）建设，通过畜禽标准化规模养殖场建设，有效提高了畜禽规模化养殖水平，2009 年底，浙江省生猪、蛋禽、肉禽、奶牛规模化率分别达 80.06%、90.42%、87.48%和 95.37%，比 2000 年分别提高 31.55 个、48 个、27.45 个和 26.93 个百分点。

浙江省的畜禽养殖产业具有一定的区域性。奶业产业主要集中在金华、杭州、温州、宁波等地区的城郊及郊县。根据数据统计分析，浙江省生猪产业主要集中在杭州、嘉兴、湖州、金华、衢州等地区，其中嘉兴、杭州、衢州饲养量占全省饲养量的 56%。根据浙江省环保厅污染普查数据统计，2009 年，浙江省共有养猪场 3 713 个，存栏量≥200 头的规模养猪场为 3 552 个，占养猪场总数的 95.66%；200 头以上生猪养殖场嘉兴数量最多，共计 853 个，占浙江省的 24%，其次是衢州 775 个，占 22%，嘉兴和衢州从养殖场（200 头以上）数量将近占浙江省的 50%，说明浙江省 200 头以上规模生猪养殖场主要在嘉兴和衢州两地。存栏量≥500 头的养猪场为 1 856 个，占总数的 49.99%，年出栏生猪 634.49 万头，占总出栏的 82.30%，见图 4-4。

根据对浙江省分地区养猪场规模的分析（图 4-5），除嘉兴以外的其他地区存栏量≥500 头的规模养猪场均占地区养猪场总数的一半以上，这些地区的养猪场以存栏量≥500 头的规模为主；其中，湖州地区存栏量≥500 头的大规模养猪场占湖州养猪场总数的相对比例最大，为 69.31%。嘉兴地区以存栏量 $200 \leqslant Q < 500$ 头的中等规模养猪场为主，该规模的养猪场占嘉兴养猪场总数的相对比例为 73.59%。

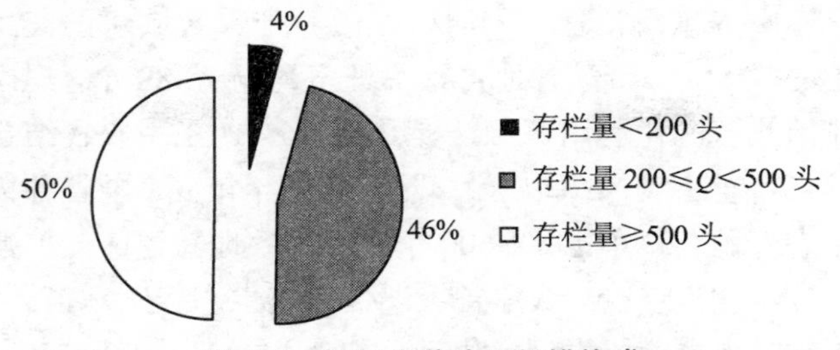

图 4-4　浙江省养猪场规模构成

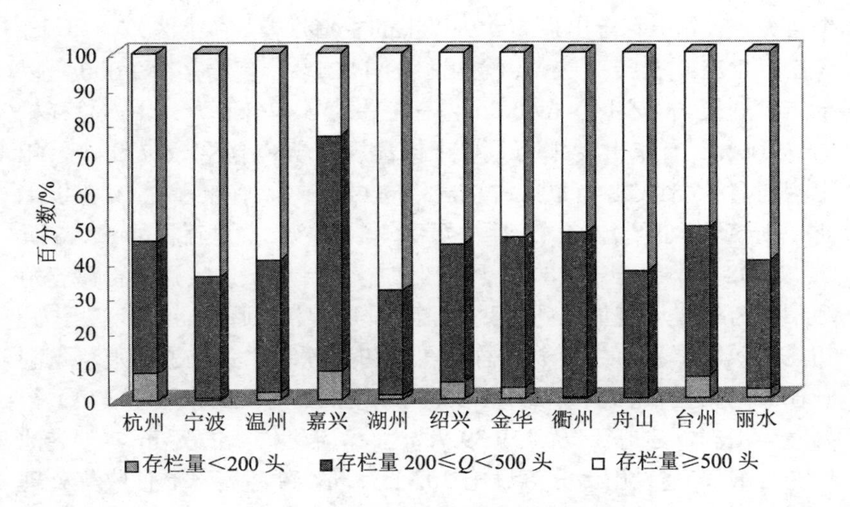

图 4-5　浙江省分地区养猪场规模构成

⑤ 布局优化

各地政府及各级农业、环保等部门，按照“农牧结合、综合利用”的总体思路，以禁限养区、规模化畜禽养殖场整治和生态畜牧小区建设为重点，扎实开展畜禽养殖业污染整治，着力推进生态畜牧业发展。截至目前，全省已有 88 个县（市、区）划定了禁、限养区，禁养区内关停转迁养殖户 2 927 户，涉及存栏生猪 89.7 万头，奶牛 2.2 万头，家禽 612.2 万羽，基本实现了禁养要求。截至 2009 年年底，累计完成省级立项的 7 894 家存栏生猪 100 头、牛 10 头以上规模化畜禽养殖场治理。同时，在散养密集区域建设畜禽粪便收集处理中心 125 个，带动各地自行治理畜禽场 7 889 个，规模化畜禽养殖场排泄物资源化利用率一跃提升到 85%，采用农牧结合型治理模式的项目比重占到 85%以上。截至 2009 年年底，全省各级立项建设畜牧生态养殖场（小区）1 600 个，带动各地新建、改扩建的生态养殖场（小区）4 557 个，认定省级现代畜牧生态养殖示范区 223 个。生猪、蛋禽、肉禽、奶牛规模化率分别达 80.06%、90.42%、87.48%和 95.37%，比 2000 年分别提高 31.55 个、48 个、27.45 个和 26.93 个百分点。其中有年出栏 500 头以上的生猪规模场（小区）5 835 个，年出栏生猪 975.25 万头，占总出栏的 44.21%。有年存栏 2 000 只以上蛋禽规模场（小区）6 606 个，存栏蛋禽 3 426.66 万只，占总存栏的 75.09%。有年出栏 1 万只以上肉禽规模场（小区）6 719 个，年出栏肉禽 16 517.78 万只，占总出栏的 68.99%。有年存栏 50 头以上奶牛规模场（小区）204 个，存栏奶牛 4.64 万头，占总存栏的 67.46%。

2008 年，新一轮“811”环境保护行动计划，又将嘉兴畜禽养殖污染作为省级环境重点问题，“铁腕”开展整治。通过一年多的努力，初见成效。嘉兴市生猪养殖总量得到初步控制，完成了养殖总量削减任务。截至 2009 年年底，5 208 家存栏 50 头以上养殖场（户）得到污染治理，建成沼气池 19.39 万 m^3，沼液池 24.52 万 m^3，干粪池 5.33 万 m^3，建设雨污分流设施 30.31 万 m。新建畜禽粪便收集处理中心 27 个，干粪收集覆盖到重点养殖镇、村。畜禽排泄物综合利用率达 96.25%，居全国前列，基本实现了农牧结合、资源循环利用。对禁、限养区的养殖户严格执行“关、停、转、迁”措施，2009 年规模化养殖水平达 76.07%。认真执行环境影响评价、“三同时”及排污许可证制度，建立了畜禽养殖场（户）排污许可证动态数据库。

⑥ 生态养殖

2004 年，浙江省明确提出要转变养殖方式，优化产业结构，大力推广资源节约、生态循环的清洁化生产技术，加快发展生态畜牧业，拉开了浙江省生态畜牧业建设的序幕，推动标准的实施，实现减排增效。

如何实现畜禽养殖场废弃物的资源化利用是畜禽生态养殖的关键。畜禽粪尿减量化是畜禽养殖经济、有效利用的前提条件，畜禽养殖场、畜牧小区生态建设要考虑“粪尿干湿分离、雨污分流”；以“方便、经济、有效”为原则，综合利用为主，设施处理为辅。目前浙江省已逐步形成农牧结合、渔牧结合、综合利用型和生化处理型为主的畜禽粪尿利用和处理模式。其中，综合利用型是将畜禽粪尿处理与沼气能源工程、复合有机肥加工结合，充分发挥养殖场排泄物的能源、肥料作用，变废为宝。生化处理型主要是粪尿干湿分离、干粪堆积发酵外售、污水经格栅过滤—生化调节—好氧处理后达标排放；常见生化池有三格式生化池、五格式生化池；此模式日常运行费用较高，主要应用于附近无农田配套的中大型养殖场。

在从规模化养殖向生态化建设迈进的过程中，浙江省加强示范推进，重点推广了嘉兴南湖、临安双干、桐庐万强、龙游雄德、余杭蓝天等破解养殖污染和用地限制的成功模式。根据实地调研内容，如桐庐万强农庄采用种养结合方式，利用低丘缓坡的优势，按照一亩园地 5 头存栏生猪的配套原则，建立高产水果基地 520 亩、茶园 200 亩和绿化苗木 140 亩。养殖场粪尿干湿分离，干粪经堆积发酵后制作成有机肥料，直接施于果园、茶园和苗木园。猪场的所有尿液及冲洗水，经三级沉淀后用小水泵抽到山顶的 8 个贮存池中，通过喷灌管道全部喷施到果园。该模式实现了养殖排泄物的基本零排放。

湖州市政府印发《关于大力发展生态养殖业的若干意见》，出台了发展生态畜牧业的政策。在排泄物治理工作中，坚持以控制畜禽养殖业排泄物排放量为主线，把握发展农业循环经济和节约型的方向，实行雨污分流、干湿分离，干粪经堆积发酵用于经济作物肥料和生产有机肥，粪污水采用种养结合生态型“零”排放模式，经过处理的水用于农田和经济作物灌溉，经多层利用就地消化，使生态循环畜牧业得到可持续发展。

浙江省农业厅研究提出了 2010 年生猪存栏 100 头以上、牛 10 头以上 4 596 家规模养殖场排泄物资源化利用工作方案和要求，联合省环保厅和财政局下达了 4 596 个规模畜禽养殖场排泄物治理和 25

个畜禽粪便收集处理中心建设任务，明确了 2010 年的考核验收标准及扶持政策。目前，全省已经全面启动治理任务，4 596 家治理场中，4 519 家已经制定治理方案，占总数的 98%，4 281 家完成建设图纸设计，开工 1 367 家，占 30%。其中，进入工程扫尾和完工的达 415 家，占总数的 9%。

⑦ 设施建设

2008 年 2—9 月，在浙江省政府的布置下，浙江省实施畜禽规模场排泄物治理、规模化畜禽养殖场排泄物治理“千万工程”，加快规模化生态养殖小区（场）建设的工作。完成 1997 家生猪存栏 300 头、牛 30 头以上（杭嘉湖生猪存栏 300 头、牛 30 头以上）规模化养殖场治理。累计建设雨污分离设施（包括改建沟渠）59.3 万 m，厌氧发酵池 15.4 万 m^3，干粪堆积棚 16.2 万 m^2，配套农林果园 8.9 万亩，鱼塘 1.3 万亩，基本实现畜禽排泄物无害化处理和资源化利用。

嘉兴市是浙江省主要的畜禽养殖集中地，嘉兴市畜禽养殖业污染整治成为省级督办重点环境问题。2008 年以来，嘉兴市采取“两分离、三配套”、两分离＋农牧结合、生物发酵床养猪等模式，全面完成了 5 208 家存栏生猪 50 头以上养殖场（户）治理设施的建设任务，共建设沼气池 192 128 m^3、沼液池 241 455.4 m^3、干粪池（棚）52 352 m^2、雨污分离设施（包括改造的沟渠）295 320 m；全市共有 120 多家养殖场（户）探索应用了发酵床养猪技术；平湖市明大牧业公司采用工业化处理技术，建成二级 A/O 生化处理系统，养殖废水实现达标排放。

至 2009 年，湖州市吴兴区 54 家 100 头以上规模养殖场排泄物治理任务已全面完成，共建成各类污水处理池 1.48 万 m^3、排污管道 3.33 万 m，配套种植就地消化污物用地 7 336 亩、鱼塘 2 002 亩，排泄物无害化处理率和综合利用率均达到 100%。通过治理，每年可减排污水 2 万 t 以上，相当于 COD 减排量约 1 600 t。

衢州市 2009 年对规模化畜禽养殖场进行污染治理，已建成雨污分流 4 840 m，厌氧池 3 350 m^3，沉淀池、氧化塘 210 m^3，储粪池 590 m^3，投入治理资金 352 万元，污染治理成果显著。衢州市政府印发《衢州市畜禽禁养区、限养区划分方案》，把钱塘江干流及主要支流源头区域沿河两侧第一山脊线以内的范围、全市各生活饮用水水源保护区及国家级省级风景名胜区等环境敏感区列为禁养区，明确规定在禁养区内已建成的畜禽养殖场要限时实施关、停、转、迁。目前，年生猪存栏数在 500 头以上的规模畜禽养殖场基本完成转迁工作。

目前，浙江省不同规模养猪场废水沼气池厌氧发酵处理生产沼气作为生产和生活的能源，沼液通过直接槽罐车、管道等方式用于灌溉农田或果园，规模较小的养殖户直接将污液进行收集，用于周边农田、菜地的灌溉使用。因此，归纳起来，废水的处理和利用方式主要有灌溉农田、生产沼气、沉淀、排入鱼塘、好氧处理、氧化塘和无害化处理、无利用等方式，或几种方式相结合的模式。在被统计的 3 713 个养猪场中（图 4-6），50.47%的养猪场采用了灌溉农田方式，66.87%的养猪场采用了生产沼气的处理方式，29.73%的养猪场对废水无处理、无利用，20.31%的养猪场对废水采用了沉淀处理，9.86%的养猪场将废水排入鱼塘，4.86%的养猪场采用氧化塘工艺对废水进行处理，2.99%的养猪场采用了其他处理方式。可见，生产沼气和灌溉农田是目前浙江省养猪场最普遍采用的污水处理方式。

但在实际调查过程中发现，仍有少部分畜禽养殖场的污染处理设施未正常运转，污染治理措施未符合标准要求。2010 年 7—9 月，由浙江省环保厅联合省农业厅建成专家组，对杭州、嘉兴、湖州、金华、衢州等市开展了规模化畜禽养殖场污染治理专项执法检查，在污染治理设施方面，无综合利用设施的 155 家；新建综合利用设施的 870 家；不能正常运转或污水不能达标排放设施的 115 家；被关闭的养殖场有 14 家；无防渗漏、溢流、雨水、恶臭等措施的有 97 家。

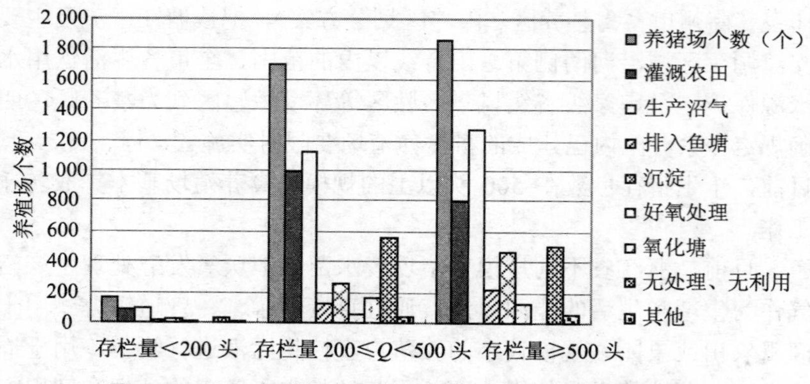

图 4-6　2009 年浙江省不同规模养猪场废水处理利用情况

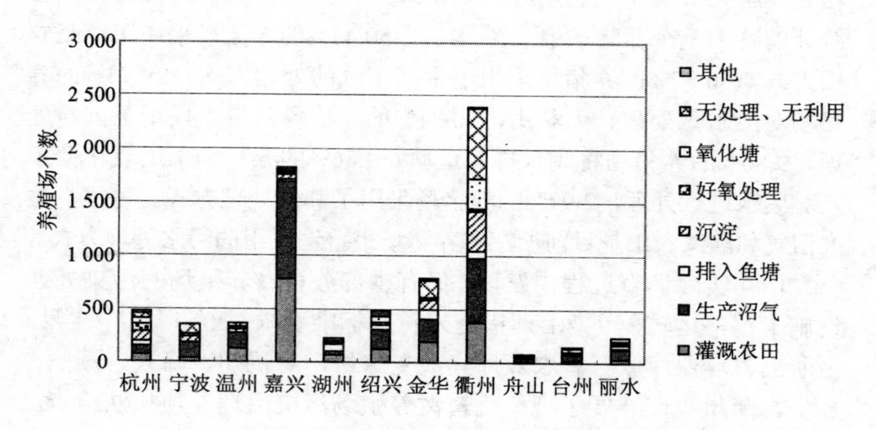

图 4-7　2009 年浙江省各地区养猪场废水处理利用情况

（3）浙江省畜禽养殖污染防治技术政策评价

采用本研究建立的畜禽养殖污染防治技术政策评价指标体系、量化标准和评价方法，对浙江省 2005—2010 年的畜禽养殖污染防治技术政策进行了综合评价，具体指标及其量化见表 4-7。

表 4-7　浙江省畜禽养殖污染防治技术政策评价

评价类别		评价项目	评价内容	得分
政策制定	技术指导文件	技术目录/指南	初步提出了浙江省畜禽养殖污染防治技术模式，但未发布技术目录或技术指南	3
		技术规范	制定了严格于国标的浙江省畜禽养殖业污染物排放标准	3
	技术推广政策	技术推广促进政策	省农业厅和环保厅发布了多个畜禽养殖污染防治相关的技术推广促进政策	5
政策执行	组织领导	队伍建设	2005 年，省委、省政府把规模化畜禽养殖场治理任务列入生态省建设年度目标责任书一类目标。省农业厅专门成立了整治工作领导小组，明确责任单位和责任人。多数乡镇设立了环保机构，配备专职人员负责农村环境管理，包括畜禽养殖污染防治项目的实施和管理	3
		过程管理	要求畜禽养殖污染防治项目进行进度汇报，实施监督管理	2
	资金配套	资金筹措	省财政对年存栏猪 1 500 头、1 000 头、500 头、300 头、200 头以上及畜禽粪便收集处置中心分别给予 10 万元、8 万元、5 万元、4 万元、3 万元和 20 万元资金补助	5
		资金使用	为确保实现专款专用、达到预期成效，实行每年年初下达治理任务，年底治理项目通过核查验收后再进行拨付	5
	监管制度	长效运行机制	为确保长效运行效果，各地积极建立完善后续服务体系，宁波市等地出台了有机肥使用扶持政策，嘉兴、衢州市制定了《关于推进农村沼气服务规范化建设，加强后续服务管理的意见》	3
政策产出	宏观调控	结构调整	2009 年底，浙江省生猪、蛋禽、肉禽、奶牛规模化率分别达 80.06%、90.42%、87.48%和 95.37%	3
		布局优化	全省已有 88 个县（市、区）划定了禁、限养区，禁养区内关停转迁养殖户 2 927 户，涉及存栏生猪 89.7 万头，奶牛 2.2 万头，家禽 612.2 万羽，基本实现了禁养要求	5

评价类别		评价项目	评价内容	得分
政策产出	技术推广	生态养殖技术推广率	全省各级立项建设畜牧生态养殖场（小区）1 600 个，约占养殖场总数的 20%	2
		粪污综合利用率	浙江省农业厅研究提出了 2010 年生猪存栏 100 头以上、牛 10 头以上 4 596 家规模养殖场排泄物资源化利用工作方案和要求。4 519 家已经制定治理方案，占总数的 98%	5
	设施建设	设施覆盖率	目前约有 70%的养猪场采用了生产沼气的处理方式	3
政策效果	环境压力	单位面积粪便负荷	单位耕地面积畜禽粪便负荷约为 2 t，畜禽养殖污染的环境压力较低	4
	污水处理	综合利用率	目前畜禽养殖污水综合利用率为 72%	2
	污水排放	无处理无利用率	目前约有 30%的养殖场对废水无处理、无利用	4
		废水处理设施质量	实际调查过程中发现，仍有少部分畜禽养殖场的污染处理设施未正常运转，污染治理措施未符合标准要求	4
政策影响指标	环境影响指标	水质改善状况	畜禽养殖污染防治明显缓解了农村河道黑臭问题	6
		其他环境影响	畜禽养殖污染防治对农村沟渠、河道等水体的水质改善的作用明显	3
	经济影响指标	农户收支影响	畜禽养殖污染防治对养殖场的经济状况带来了较大的压力	2
		农村经济影响	畜禽养殖污染防治对农村经济发展无明显不良影响	3
	社会影响指标	农村居民环保意识影响	畜禽养殖污染防治提高了农村居民的环境意识	3
		农村居民健康影响	畜禽养殖污染防治改变了人畜混居的局面，对农村居民健康有着积极的影响	3

（4）浙江省畜禽养殖污染防治技术政策绩效

采用本项目提出的畜禽养殖污染防治技术政策综合评价指标体系进行的评价结果表明，浙江省畜禽养殖污染防治技术政策的综合评分为 81 分，政策绩效较好，主要表现在：

① 政策投入较大，产出较好，显示出了较高的政策效率。在政策投入方面，制定了地方畜禽养殖污染排放标准，基本形成了适应

地方畜禽养殖业特征的污染防治模式。在组织领导、资金配套和监管管理等政策执行环节的力度也比较大。在政策产出方面，规模控制、布局优化、生态养殖和设施建设等畜禽养殖污染的四大防治措施均得到了较好的实施，畜禽养殖业污染减排和健康发展取得了显著效果。

② 政策效果有待提高，政策影响有待解决。政策效果方面，目前散养量还是很大，难以控制其污染物排放。中小养殖场污染治理水平相对比较低，管理也不到位，更需要环保的监管，但是往往这样的中小养殖场位置比较偏，分布又很散，基层环保工作人员难以全面顾及，再加之浙江省养殖场总的数量大，需要加强对其的环保监管，促进达标排放。政策影响方面，200～500 头生猪的养殖场采用污水处理工程达标排放，经济上有较大压力，管理上也有难度，即使达标排放，COD 380 mg/L、BOD 140 mg/L、SS 160 mg/L、NH_3-N 70 mg/L 和 TP 7 mg/L 出水是大多数水体难以消纳的，因此建议畜禽养殖场污水处理以种养结合资源化利用为基础。

4.3.2　浙江省农村生活污水处理技术政策评价

4.3.2.1　浙江省农村生活污水产生与排放状况

（1）浙江省农村生活污水的来源

2009 年，全省有 29 974 个村民委员会，农村住户数 1 237.44 万人，农村人口 3 778.86 万人，占全省总人口数的 65.23%。具体分布情况见图 4-8。由此可见，浙江省农村数量多，分布广且大部分分布在山区、半山区，经济条件差异很大，生活习惯也不同。在水习惯方面表现为：平原地区农村主要以使用自来水为主；山区、半山区农村大多有打井的习惯，用水一般以自来水、井水和河水三者结合使用，自来水为饮用水源，河水、井水作为辅助用水，主要用于厨房用水、洗涤用水、冲刷地面、饲养家禽等。因此，农村生活污水主要来源于厨房炊事、沐浴、洗涤和厕所冲洗。而近年来，浙江省农村农家乐发展迅速，农家乐产生的生活污水已成为一项不可忽视的农村生活污水新来源。

按农村人均生活污水产生量为 100 L/d、COD_{Cr}为 350 mg/L（估算）。2009 年，浙江省农村生活污水排放量为 13.78 亿 t/a，COD_{Cr}产生量为 48.25 万 t/a（不考虑农村人口外出打工和农村外来人口因素）。

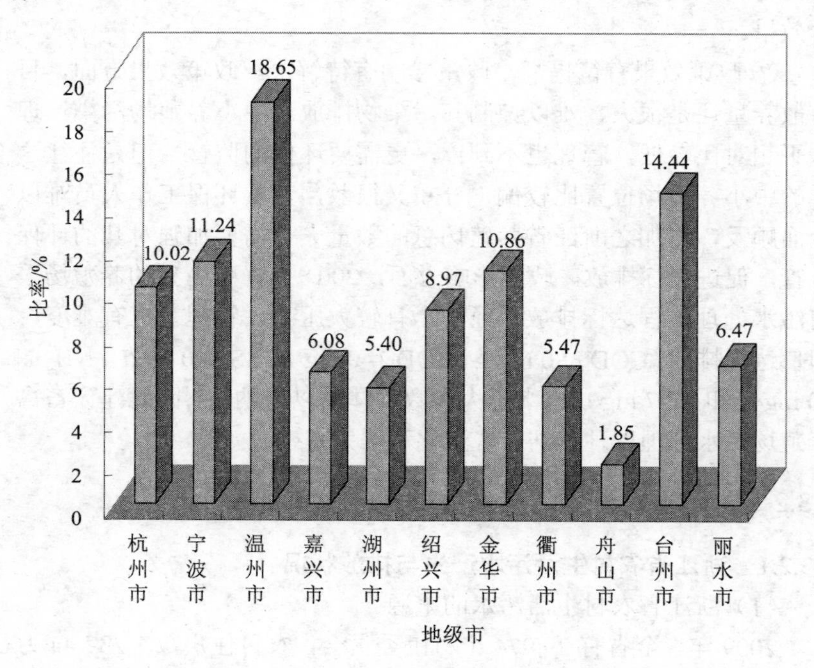

图 4-8 浙江省 11 个地级市农业人口各占全省总农业人口比例

（2）浙江省农村生活污水特点

农村生活污水是指农村居民生活和经营农家乐产生的污水，包括冲厕、炊事、洗衣、洗浴以及家庭圈养畜禽等产生的污水，以单户为一个排放点源，自然村为一个小的排放面源。农村生活污水一般可分为灰水和黑水两部分，黑水是指人畜（散养）排泄及冲洗粪便产生的高浓度生活污水；灰水是指厨房产生的污水、洗衣和家庭清洁产生的污水、洗浴产生的污水以及黑水经化粪池处理后的上清液等低浓度的生活污水。通常，在农村生活污水处理工程所提到的

“农村生活污水”一般是指灰水的综合污水（以下所述农村生活污水均为此类污水）。结合浙江省农村的实际情况，分析得出，浙江省农村生活污水有如下特点：

① 排放分散。大多数村庄分散、农民住房分散，使得农村生活污水排放分散，难以收集后集中处理，如采用集中处理，管网的铺设难度和费用则相对较高。

② 水量水质波动大。农村生活污水水量水质根据用水及生活习惯差异而不同，具有间歇排放特点，早、中、晚是排水高峰。

③ 污染物类型简单。农村生活污水中污染物主要是有机污染物，可生化性好。一般不含有有毒物质，相对易处理，但仅靠化粪池简单处理不能达标排放，需要根据各地的实际情况采取适当处理方式。

④ 排放量逐年增大。随着农民生活水平的提高以及农民生活方式的逐步城市化，污染物的排放总量不断增加，抽水马桶和洗衣机的普及，生活污水的产生量也将随之增大。

⑤ 新增农家乐污水。农家乐污水以节假日为排放高峰，其产生的餐饮污水含油量比一般的农家厨房污水要高很多，且水质水量波动大，对污水处理技术及管理提出了更高的要求。

浙江省农村生活污水的特点，决定了浙江省绝大部分农村生活污水不能纳入城镇污水处理厂处理，而需要通过就近建设农村生活污水处理工程来治理，采用的处理技术定义为农村生活污水处理技术。

4.3.2.2 浙江省农村生活污水治理技术政策简介

浙江省围绕生态创建和“千村示范、万村整治”工程，陆续出台了一些技术相关政策，大约有 20 多项。如 2006 年发布的《浙江省百万农户生活污水净化沼气工程项目资金管理办法（试行）》（浙江农计发[2006]6 号）；2006 年义乌出台了《关于开展农村生活污水治理工作的实施意见》（义政发[2006]43 号）；宁波市环境保护局于 2007 年编制了《宁波市农村生活污水处理技术通用图集》；淳安县政府农业局和农村工作办公室联合县环境保护局、县财政局、县农业局发布了《关于进一步加强农村生活污水处理项目建设工作的通知》

（淳农办[2009]14 号）；温州市出台了关于印发《温州市农村生活污水处理工程建设和运行管理指导意见（试行）》的通知（温生态办发[2009]10 号），慈溪市 2010 年 10 月印发了《市政府办公室关于印发慈溪市农村生活污水治理工作实施细则的通知》（慈政办发[2010]159 号）等。虽然浙江省的农村生活污水治理工作起步较早，但在政策体系方面缺乏全面性和系统性。全国和浙江省主要的农村生活污水处理技术相关规范及政策详见表 4-8。

表 4-8　浙江省主要的农村生活污水处理技术相关规范及政策清单

类别	名称	发布部门	发布时间
浙江省	《省农办、省环保局、省建设厅、省水利厅、省农业厅、省林业厅关于加快推进“农村环境五整治一提高工程”的实施意见》的通知（浙委办[2006]111 号）	省农办等	2006
	《浙江省百万农户生活污水净化沼气工程项目资金管理办法（试行）》（浙江农计发[2006]6 号）	省农办等	2006
宁波市	《宁波市农村生活污水处理技术通用图集》	宁波市环境保护局	2007
宁波市鄞州区	《关于调整鄞州区农村生活污水分散式生态处理工作实施意见的通知》	鄞州区政府	2009
温州市	关于印发《温州市“千村整治、百村示范”工程以奖代补考核办法》的通知（温委办发[2008]169 号）	市政府办公室	2008
温州市鹿城区	《关于印发农村生活污水治理工作实施细则（试行）的通知》（温鹿政办[2008]175 号）	温州市鹿城区人民政府办公室	2008
温州市瓯海区	《关于印发瓯海区农村生活污水处理系统建设暂行办法的通知》（温瓯政办发[2009]63 号）	温州市瓯海区人民政府办公室	2009
瑞安市	关于印发《瑞安市农村生活污水处理工程管理细则（试行）》的通知（瑞生态办[2007]3 号）	瑞安生态办	2007
安吉县	农村生活污水处理设施建设长效管理办法	安吉县生态办	2009
桐乡市	关于生态村农户生活污水治理第二次现场验收与补助办法的通知（桐创办[2008]36 号）	桐创办	2008
	关于印发《2008 年度农村生活污水处理池（生态无害化卫生厕所）技术方案》的通知（桐创办[2008]12 号）		2008

类别	名称	发布部门	发布时间
桐乡市	关于印发《2008 年度农村生活污水处理池（生态无害化卫生厕所）验收办法》的通知（桐创办[2008]25 号）	桐创办	2008
	《关于开展 2009 年农村生活污水治理工作的实施意见》（桐创办[2009]27 号）		2009
嘉善县	嘉善县城乡一体化领导小组办公室 关于印发《嘉善县农村生活污水净化处理工程实施意见》的通知（[2007]12 号）	善城乡一体办	2007
金华市	《关于将农村生活污水无害化处理配套设施建设纳入“示范整治”工程的通知》(金东农办[2007]20 号)	金东农办	2007
	关于印发《金华市区农村生活污水治理工程实施意见》的通知（金村整建办[2009] 5 号）	金村整建办	2009
舟山市	舟山市生态办　舟山市渔农村治污改厕项目技术指导方案（试行）	舟山市生态办	2009
台州市	台州生态市建设工作领导小组办公室　关于印发《台州市区农村生活污水治理工作管理意见》的通知（台生态办[2009]13 号）	台州生态办	2009
台州市椒江区	台州市椒江区人民政府办公室　关于印发《椒江区农村生活污水治理实施方案的通知》（椒政办发[2009]37 号）	椒江区人民政府办公室	2009
温岭市	温岭市人民政府　《关于城乡污水处理工程建设三年行动计划的实施意见》（温政发[2007]219 号）	温岭市人民政府	2007
	温岭市村村新工程建设指挥部、(中共温岭市委、温岭市人民政府）农村工作办公室　关于印发《温岭市农村生活污水处理工程建设实施办法》的通知（市村村新指[2008]10 号）	温岭市村村新工程建设指挥部	2008

4.3.2.3　浙江省农村生活污水治理技术政策评价

采用本研究建立的农村生活污水处理技术政策评价指标体系、量化标准和评价方法，对浙江省 2005—2010 年的农村生活污水处理技术政策进行了综合评价，具体指标及其量化见表 4-9。

表 4-9 浙江省农村生活污水处理技术政策评价

评价内容		评价指标	评价指标的完成状况	得分
政策制定	技术指导文件	技术目录/指南	浙江省建设厅、农业厅、环保厅 2007 年联合发布了《浙江省农村生活污水处理适用技术与实例》，目前形成了五大模式和四大主流技术	5
		技术规范	颁布了浙江省地方标准《农村生活污水处理工程技术规范》	5
	技术推广政策	技术推广促进政策	2006 年发布了《浙江省百万农户生活污水净化沼气工程项目资金管理办法（试行）》	5
政策执行	组织领导	队伍建设	多数乡镇设立了环保机构，配备专职人员负责农村环境管理，包括农村生活污水处理设施建设项目的实施和管理	3
		过程管理	浙江省高度重视农村生活污水处理设施建设，对农村生活污水处理设施建设项目进行了较好的过程管理	3
	资金配套	资金筹措	在农村生活污水处理设施建设费用中，省、市、县、镇四级财政的配套资金在 50%以上	5
		资金使用	为确保实现专款专用，达到预期成效，实行每年年初下达治理任务，年底治理项目通过核查验收后再进行拨付	6
	监管制度	长效运行机制	浙江省高度重视农村生活污水处理设施建设，但依然存在重建轻管现象，在长效运行机制这个难题上仍需要深入探索	4
政策产出	污水收集	污水收集设施覆盖率	到 2010 年底，浙江省农村生活污水处理的行政村覆盖率为 45%	4
	污水处理	污水处理设施覆盖率	污水处理设施覆盖了 71%的村庄，占 72%的村庄采用集中式处理方式进行污水处理，26%的村庄采用分散式处理方式，而采用纳入城市污水管网进行污水处理方式的村庄只有 2%	7
政策效果	污水处理	有机的去除能力	大部分设施都有个别指标未能达到该设施的设计标准	6
	污水排放	污水处理设施出水质量	大部分农村生活污水处理设施的出水质量，除了 BOD 外，其余指标均能满足《污水综合排放标准》（GB 8978—1996）的二级排放标准	7

评价内容		评价指标	评价指标的完成状况	得分
政策影响	环境影响指标	水质改善状况	显著改善了农村居民点周边沟渠、河道等水体的水质	6
		其他环境影响	农村生活污水的治理对于土壤、大气等环境也有着一定的积极作用	3
	经济影响指标	农户收支影响	农村生活污水处理设施建设费用中，居民自筹比例仅为 7%，对居民收支影响较小	6
		农村经济影响	农村生活污水处理设施的建设与运行费用的资金筹措主要依靠村集体收入，因此对村庄集体经济的发展水平依赖较强	4
	社会影响指标	农村居民环保意识影响	农村水污染控制技术政策的实施强化了农村居民环保意识，提高了对农村环境卫生的满意度	3
		农村居民健康影响	显著减缓了农村生活水污染对农村居民身体健康的不利影响	3

4.3.2.4　浙江省农村生活污水处理技术政策绩效

采用本项目提出的农村生活污水处理技术政策综合评价指标体系进行的评价结果表明，浙江省农村生活污水处理技术政策的综合评分为 85 分，政策绩效较好，主要表现在：

① 政策投入较大。在政策投入方面，制定了地方农村生活污水处理技术指南和技术规范，在组织领导、资金配套和监管管理等政策执行环节的力度也比较大。但浙江省农村生活污水处理设施的建设与运行费用很大程度上取决于村集体经济水平，因此能否切实解决农村污水处理的资金问题，不但涉及设施能否建成，更涉及设施建设的质量和运行效果等问题。

② 政策产出与效果较好，表明浙江省农村生活污水处理技术政策具有较好的效率。在政策产出方面，污水收集率达到 45%，污水处理率达到 72%。政策效果方面，大部分农村生活污水处理设施的出水质量可以达到二级标准，但有许多污水处理设施未能达到设计标准，表明浙江省农村生活污水处理设施仍然存在重建轻管现象，缺乏长效运行机制。

4.3.3 洱海流域农村水污染控制技术政策评价

4.3.3.1 洱海流域农村水污染概况

（1）洱海流域简介

洱海是我国著名的七大淡水湖泊之一，经过多年的保护和治理，洱海成为中国城市近郊保护得最好的湖泊之一。随着流域农村社会经济的发展，洱海湖泊治理面临较大的压力。洱海流域辖大理市、洱源县的16个镇（乡）和大理经济开发区、大理旅游度假区，土地总面积2 565 km^2。有乡村农户14万户，农村人口65万人。大理市洱海沿湖10个镇共有101个村委会464个自然村，约30万农业人口。

（2）农村水污染概况

洱海整个流域共有774个自然村，其中98.5%几乎没有任何污水处理设施，洱海周边村落面源污染直接威胁着洱海水质，同时洱海流域的部分宾馆饭店、山庄的污水未经处理进入河流和洱海。面源污染是洱海的主要污染，洱海面源污染负荷占洱海入湖总负荷的60%～80%。据调查，流域农村每年大约产生垃圾27.7万t，污水1 385.2万t。农田面源污染、畜禽养殖、农村生活污水和土壤侵蚀等4项年排放污染物入湖量分别为COD 8 931.6 t、总氮2 126.2 t和总磷147.7 t，分别占全部入湖量的90.55%、82.05%和84.98%。针对存在的问题，大理市下定决心必须因地制宜予以综合治理。

4.3.3.2 农村水污染控制技术政策及执行情况

（1）政策文件

云南省人民政府2003年下达了《关于加大洱海保护治理有关问题的通知》，大理州与省政府签订了《洱海水污染综合防治目标责任书》。2003年，针对洱海富营养化转型阶段的抢救保护要求和洱海资源持续利用的长远要求，编制了《洱海流域保护治理规划（2003—2020）》。2007年，大理市政策发布了《七彩云南保护行动大理州实施方案》。2008年，编制了国家水专项《富营养化初期湖泊（洱海）水污染综合防治技术研究与工程示范》项目和课题，被环境保护部列入国家“水专项”项目。2009年，大理市委、大理市人民政府发布了《关于进一步加强洱海综合治理保护的实施意见》和《关于洱海保护重点工程项目实施意见》。

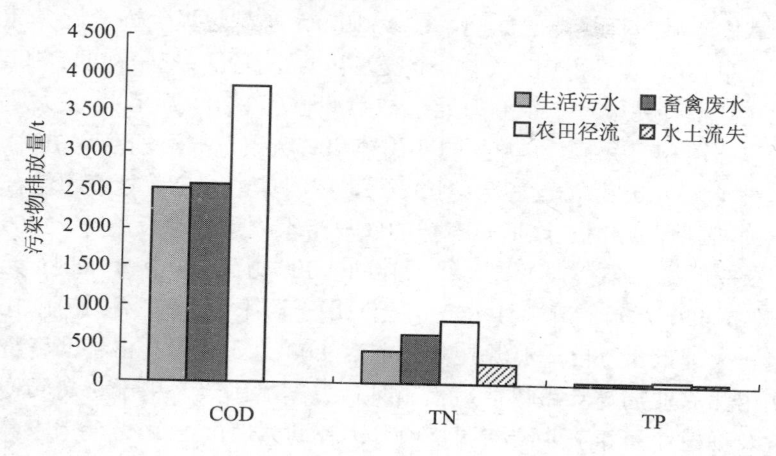

图 4-9　洱海流域农村水污染物产生量

（2）政策目标

按照建设社会主义新农村的要求，结合大理州千村扶贫开发、百村整体推进和集体林权制度改革，以生态州建设为目标，以点带面，开拓农村生态保护工作的新领域，提高农村人居环境质量，整体地提升全州的生态建设水平。实施农村小康环保行动计划，提高农村社区人居环境质量；指导和督促重点乡镇编制农村环境综合整治规划与计划，推进村镇环境基础设施建设，不断探索提高农村居民自主建设积极性的办法和措施，多渠道筹措资金，增加投入，大力进行农村沼气工程的建设。在洱海流域重点开展生态卫生旱厕、村落污水处理设施和垃圾池建设。通过“改水、改厨、改厕”和建立农村生活垃圾收集处理系统，建设一批村容整洁、生态文明的新农村示范点，使农村生态环境和生活环境有明显的改善。

（3）政策投入

依据《2009 年度洱海保护及洱源县生态文明建设工作意见》，2009 年州级共补助资金 2 600 万元用于建设乡村环保工程。其中，一是补助 500 万元，在大理市的喜洲镇和上关镇、洱源县的邓川镇和右所镇选择沿湖沿河 100 个自然村，按照“责任到户、分类处理、综合利用、减少运量”的原则，建设 100 个小型垃圾焚烧设施（其中大理市 40 个，洱源县 60 个，每个设施补助 5 万元）；二是补助 2 100 万元（其中补助大理市 900 万元、补助洱源县 1 200 万元），在大理市的喜洲镇和上关镇、洱源县的邓川镇和右所镇选择沿湖沿河 70 个自然村（大理市 30 个、洱源县 40 个），按照集中与分散处理相结合的原则，因地制宜地建设形式多样的农户污水收集处理设施。2009 年，农业面源污染治理工程州级共补助 2 000 万元。其中 1 000 万元（大理市 400 万元，洱源县 600 万元）用于测土配方、平衡施肥 10 万亩（大理市 4 万亩，洱源县 6 万亩）；800 万元（两县市补助资金比例由州农业局与县市协商后提出具体方案后确定）用于畜禽粪便处置及种植业和养殖业结构调整项目；补助大理市 200 万元用于养鸡场搬迁。

（4）执行概况

截至 2009 年，推广测土配方、控氮减磷和优化平衡施肥技术，减少氮、磷化肥使用量 15%～20%以上，完成无公害蔬菜基地 7.3 万亩，调整大蒜种植面积 2 万亩；实施农业科技培训，大范围培训干部群众；向农户发放《大理市粮食作物优化平衡施肥技术》和《大理市蔬菜无公害栽培技术》等科技宣传资料；实行科学施肥，制作 22.5 万张大春作物测土配方施肥建议卡，发放到农户手中；推广测土配方、控氮减磷、优化平衡施肥 73.1 万亩，降低氮、磷化肥亩用量 15%～20%以上；整顿农药市场，清理假冒伪劣农药和高毒高残留农药；实施全面“禁白”工作，减少环境污染；开展禽畜粪便再生利用的科学研究，开展太阳能牛粪中温处理系统、奶牛粪便定点收集还田试点工作，建设禽畜粪便集中处理中温沼气站；建成村落污水湿地处理系统 40 个、沼气池 1.9 万口、公厕 115 座、尿粪分集式生态卫生旱厕 1 600 个；全面推广“农村定时定点收集清运垃圾”模式，配备垃圾清运车 39 辆、三轮清运车 650 辆，建成农村垃圾中转站 10 座、垃圾收集池 1 450 口，1 个大型垃圾处理场和医疗废弃物集中处置中心，初步建成了农村垃圾收集、运输、处理网络。

截至2010年，建成沼气池1.9万口，建设10万亩（1亩=1/15 hm^2）无公害农产品基地，大力推广测土配方、控氮减磷、优化平衡施肥技术63.8万亩，降低氮、磷化肥亩用量10%～20%；开展“一取消三提倡”工作（取消使用化学除草剂，提倡人工薅锄，提倡使用有机肥，提倡稻田养鱼）。建设畜禽规模养殖园区，实施规模奶牛养殖场粪污治理，完成1 800 m^3 堆粪发酵池、1 450 m^3 沉淀发酵池；建成堆粪发酵池3 642个、18.548 m^3；推广生物发酵自然养猪法示范，实施畜禽粪便集约化处理及生产加工有机肥设施扩建，扩建生产车间3 137.48 m^2。大力推广“农村定时定点收集清运垃圾”模式，兴建农村卫生公厕115座、农村生态卫生旱厕1 000座，新建9座乡镇垃圾中转站，1个大型垃圾处理场和医疗废弃物集中处理厂，配备垃圾清运车39辆，建成1 450口垃圾池，配备650辆三轮清运车，基本实现了村组垃圾收集，进垃圾中转站后统一运送垃圾处理场的垃圾收集、运输、处理网络。建设50个小型垃圾无公害处理设施和以上关、喜洲为重点的8 257户农户污水收集处理系统，由面到户，切源治根。对入湖河流流域村庄垃圾清理收集，为从源头上控制流域面源污染。实施水源林建设、天保工程和退耕还林，建成公益林3.5万亩，退耕还林5.2万亩，配备管护人员609名，对97.1万亩森林进行管护，全面取缔苍山面山、大理坝区及洱海东面山范围内零散的采砂、洗沙、取石，实施完成15 km^2 水土流失治理任务；实行洱海捕捞船舶“一证一船一牌”的监管机制，强化环境监管；持续开展“禁磷”、“禁白”（“白”指塑料薄膜）、“禁羊”工作，调整封湖禁渔期限、严格禁止拉大网，全部取缔了大型拖网，改善洱海周边的生态环境。综合整治主要入湖河流水环境，治理苍山十八溪，完成了白鹤溪治理，中和溪、黑龙溪、阳南河、灵泉溪、莫残溪等5条溪综合治理，治理河道10.079 km。目前正抓紧实施茫涌溪、葶溟溪、万花溪、双鸳溪4条溪综合整治工程，进一步优化入湖河流水质。

4.3.3.3 农村水污染控制技术方案及实施效果

（1）农村生活污水

目前大理洱海流域污水处理主要采取四级处理方式：市级污水处理厂，日处理污水上万立方米；乡镇级污水处理厂，日处理污水几千立方米；村级污水处理系统，以村委会为单元，日处理污水上百立方米；分散式农户庭院污水处理装置，日处理几立方米。目前建成 76 座村落污水处理系统和 9 811 户农户庭院污水处理设施。

① 农户庭院式生活污水处理系统

农户庭院式生活污水处理系统的工作原理主要是将污水引入隔油集水池，经过隔油沉淀，在有效去除固体悬浮物的同时，调节进水量，污水进入厌氧池后，进行反硝化反应，削减总氮，然后再进入沉淀池和砾石床，完成有机物质、固体悬浮物、总磷的削减。再通过滤石床上的植物吸收、利用，最后来实现污染物的减量化。

农户庭院式污水处理系统的设计处理能力一般为日处理污水 1.5 m^3，人口多的可建设到日处理污水 2 m^3。庭院式污水处理系统的除氮除磷率为 15%。第一道沉淀池里沉积的残渣，还可以用来作为农家肥使用。使用此系统的农户，离洱海边都有几公里的距离，处理后排出的清水，全部都用于自家农田和庭院里灌溉花草植物。

主要以砖砌结构和玻璃缸结构两种类型为主。系统建设成本也比较低，平均每个建设费用在 2 000～2 500 元，而且施工方便、快捷，占地面积小，每个家庭的污水处理池占地面积约 2.5 m^2，农户易于接受；无能耗，不用电，易管理，平时不需要专人维护。项目主要由各乡镇负责实施，2009 年全市共完成农户庭院式污水处理系统 6 611 座。

大理市计划在 90 000 多户城镇家庭中将有 1/4 装上这一系统，包括一些离城区较远的别墅区。而为了保证洱海周边 8 257 户农户庭院式污水处理系统的建设需要，大理白族自治州政府共拨出了 900 万元的建设专款。每一户农户都在不需要支出一分钱的前提下，享受到这个环保科技的治污成果。目前，这种农户污水处理方式在全国其他地方还未曾有如此大规模的推广。

② 村落式农村生活污水处理系统

为保护洱海，有效解决洱海东片区农村生活污水的处理问题、控制洱海富营养化趋势，根据 2008 年 7 月上旬省人民政府和副省长的指示：在洱海东岸由北至南共有上关、双廊、挖色、海东四镇、12 个村，建设 23 个点村落污水处理系统。2009 年投入 1 943.5 万元，完成洱海东岸 19 个点的村落污水处理系统建设工程，日处理生活污水 3 443 m^3。投入 296 万元在洱海西岸完成苏武庄、崇邑村、大湾庄、下丰呈、大邑、上波绷和大庄 7 个村落污水处理系统建设工程。

生活污水处理设施将根据村镇的特点（经济条件、地形条件、污水产生特征、生产生活水以及处理技术实施的可能性）坚持因地制宜，集中处理与分散处理相结合的原则，采用土壤净化槽、一体化净化槽、人工湿地等工艺进行处理。污水收集系统是在原有沟渠的基础上，新建、改建部分硬质化明渠或加盖沟渠形成，并对各村农户房屋修建与排污渠相连的污水排污管。主要工艺包括：

a. 土壤净化槽工艺。工艺原理是利用土壤的毛细现象和虹吸现象，将污水中的水与污染物质即溶解性的污染物迅速有效分离，再由土壤中厌氧微生物及好氧微生物将有机物进行强化分解，成为简单的含 C、N、P 等无机物，再通过自然的物质循环为植物吸收、利用，成为自然界生态系统的一个重要环节。该方法是一种投资省、运行可靠、操作简单的新型环保生态处理技术。

图 4-10　土壤净化槽工艺

b. 一体化净化系统。是一种分散型生活污水净化装置，相当于小型污水处理厂，是将污水处理系统设备化、装置化。净化系统采用较为成熟的生化处理工艺——生物接触氧化工艺，其形式为侧流式，填料淹没于水中，通过风机曝气器供氧，填料上的微生物与流动的污水充分接触，通过微生物新陈代谢作用、降解和去除水体中的污染物，使水体得到净化，最终达到标准排放。

c. 人工湿地。是以人工建造和监督控制的、与沼泽地相类似的地面，通过自然生态系统中的物理、化学和生物三者协同作用达到对污水的净化。此种湿地系统是在一定长宽比及底面坡度的洼地中，由土壤和填料混合组成填料床，废水在床体的填料缝隙或在床体表面流动，并在床体表面种植具有处理性能好、成活率高、抗水性强、生长周期长、美观及具有经济价值的水生植物，形成一个独特的动、植物生态系统，对污水进行处理。

图 4-11　人工湿地处理系统

（2）农田面源污染

“十五”期间，在洱海全流域 18 个乡镇累计推广实施控氮减磷、优化平衡施肥及昂立素和土壤磷素活化剂 99.6 万亩。2007 年，大理市被云南省列入农业部测土配方施肥中央财政补贴项目市，2008—2009 年为续建项目市。为了有效提升农业科技贡献率，推进现代农业的发展，以粮食增产、农业增效、农民增收和控制农业面源污染，保护农业生态环境为目标。紧紧围绕“测土、配方、配肥、供肥、施肥”技术路线，以控氮、减磷、推广配方肥、控释 BB 肥为主要技术。实行流域大春水改旱，压缩小春高肥作物大蒜种植面积 4 万亩。截至 2010 年，洱源县已在 7 个乡镇完成洱海流域农业面源污染治理农田 55 万亩。

① 控释 BB 肥

按照省、州各有关部门的要求，2009 年大理市分别在大理市原种场、马久邑、金河、大营开展实施了水稻测土配方控释 BB 肥 4 个百亩连片示范。主要措施包括：

一是科学施肥，统一施用测土配方控释 BB 肥每亩 20 kg，做中层肥施用，不再施任何肥料，计划单产 700 kg。

二是选择优质高产、多抗品种云粳 25 号、云粳 30 号、繁 3、凤稻 26 号和 06-47 等优质良种。

三是适期早育早栽，合理稀植、浅插，5 月 13—19 日栽插，每亩移栽 4.0 万～5.0 万丛，基本苗 9.33 万～13.96 万苗。

四是抓好苗情调查，科学指导生产，据定点苗情调查，每亩最高茎蘖数在 37.80 万～55.33 万苗，平均 47.14 万苗，预计每亩有效穗达 35 万～40 万穗，预计亩产 700 kg。

图 4-12　控释 BB 肥示范区

② 测土配方施肥

大理市把测土配方施肥技术作为治理农业面源污染、农业节本增效的重要科技措施，以提高测土配方施肥技术入户率、覆盖率和肥料利用率为主攻方向；以土样采集化验、肥效试验、建立核心示范区、制作发放配方建议卡和配肥供肥为工作重点。大理市 2009 年在上关镇、喜洲镇、湾桥镇建立测土配方施肥技术样板 2 666.61 hm^2。通过样板示范与带动，大理市 2009 年小春共计推广测土配方施肥 11 922.94 hm^2、大春推广测土配方施肥 13 666.67 hm^2。经测定，使用测土配方施肥技术的农作物每亩减少施用尿素 3～5 kg、普钙 1 520 kg，每亩农作物实现节本增效 36.27 元；同时，测土配方施肥技术的推广应用，有效地提高了肥料利用率，减少了土壤养分失衡和酸化，降低了农业面源污染，对洱海和农业生态起到了较好的保护作用。

洱源县 2006 年被云南省列为测土配方施肥补贴项目新建县，2007 年、2008 年、2009 年为项目续建县，2010 年为项目巩固县。5 年来洱源县紧紧围绕"测土、配方、配肥、供肥、施肥指导"5 个环节开展各项工作，农作物应用配方施肥技术已被广大农民所接受，增产增收效果明显，达到预期目标。

2010 年完成推广面积 42 万亩，小春 20 万亩，大春 22 万亩，其中大蒜 3.54 万亩，蚕豆 9.22 万亩，大麦 4.84 万亩，油菜 2.11 万亩，其他（马铃薯）0.21 万亩，水稻 14.3 万亩，玉米 7.00 万亩，其他（马铃薯）0.99 万亩。覆盖全县 9 个镇乡 88 个村委会 2 个社区 6 万多农户。组织核心示范 2 万亩，其中蚕豆 1.0 万亩，水稻 1.0 万亩。

根据大面积监测和测产调查，2010 年小春大蒜测土配方施肥平均亩产 1 747.9 kg，比常规施肥平均亩产 1 636.7 kg 增 111.2 kg，增 6.8%，亩均增产节支 912.9 元；蚕豆测土配方施肥平均亩产 272.64 kg，比常规施肥平均亩产 241.98 kg 增 30.66 kg，增 12.67%，亩均增产节支 62.26 元；大麦测土配方施肥平均亩产 463.64 kg，比常规施肥平均亩产 420.5 kg 增 43.14 kg，增 10.26%，亩均增产节支 92.91 元；油菜测土配方施肥平均亩产 130 kg，比常规施肥平均亩产 120 kg 增 10 kg，增 8.3%，亩均增产节支 79.4 元，2010 年小春测土配方施肥项目区总增产量 0.9 万 t，总增产节支 4 422.922 万元。

根据大面积测产 2010 年大春水稻平均亩产 647.74 kg，比常规施肥平均亩产 601.94 kg 增 45.8 kg，增 7.6%，亩均增产节支 86.96 元。玉米平均亩产 672.57 kg，比常规施肥平均亩产 629.13 kg 增 78.19 kg，增 6.9%，亩均增产节支 31.17 元。2010 年大春测土配方施肥项目区总增产量 1.2 万 t，总增产节支 1 461.718 万元。2010 年洱源县推广测土配方施肥计 42 万亩，总增产量 2.1 万 t，总增产节支 5 884.64 万元。

③ 稻田养鱼

"稻田水养鱼"是大理市为保护洱海，减少面源污染而提出的"一取消、三提倡"中的核心项目，即"取消使用化学除草，提倡人工薅锄，提倡使用有机肥，提倡稻田养鱼"的生态农业建设方案，增加了土壤肥力，减少了农业面源污染，并避免残留化学肥径流造成洱海富营养化。

"稻田水养鱼"的原理是：稻、鱼共生互养，以鱼的排泄物为肥料增加水稻肥力，让鱼吃掉稻田里的草籽、草芽、虫卵和害虫，替代化学除草剂。鱼苗的种类有鲫鱼、草鱼、鲤鱼，并且可以实施混合放养。"稻田养鱼"取消了农药、化肥的使用，减少甚至杜绝使用化学除草剂和杀虫剂。避免了农业面源污染，起到了较好的生态保护作用。

大理市于 2008 年 7 月首次在喜洲镇作邑原种场试验示范 10.7 亩"稻田养鱼"，2009 年 4 月在银桥镇新邑村委会实施了 200 亩"稻田养鱼"的示范。2010 年预计发展到 3 000 亩至 2012 年达到 10 000 亩稻田养鱼。大理州级领导要求认真总结，细致调研，科学分析"稻田养鱼"中的利弊，为将来大面推广提供有力的科学依据。

大理市把稻田养鱼作为洱海保护治理、生态农业建设的一项重要措施。通过积极争取，大理市被省农业厅、省扶贫办、省农开办联合列为全省 35 个贫困县分批实行稻田工程化养鱼示范项目县（市），下达 2009 年实施稻田养鱼项目建设 33.34 hm^2。大理市科学合理制定实施规划，在银桥镇上波溯村实施工程化稻田养鱼 13.34 hm^2，面上示范推广 6.67 hm^2（喜洲镇 2.67 hm^2、湾桥镇

1.34 hm^2、大理镇 1.34 hm^2、下关镇 1.34 hm^2）、菱白田养鱼 13.34 hm^2（凤仪镇 6.67 hm^2、大理经济开发区 6.67 hm^2）。项目通过硬化灌溉沟渠及田埂、开挖鱼沟和鱼山、扩宽改造机耕路等建设，实现稻田养鱼工程标准化、养殖技术规范化和养殖面积规模化。项目采用沟田式种植养鱼模式，在田面上开挖宽 0.8 m、深 0.6 m 的“十”字形或“丰”字形鱼沟与稻田连通，在每亩稻田投放鲤、鲢、草鱼种 25 kg，实行统一管理、连片经营的生产方式开展无公害生产，大春种稻养鱼，小春粮菜间套。经测产验收，养鱼稻田平均亩产 619.1 kg，增产 10.4 kg；稻鱼经过 103 d 饲养，平均亩产鲜鱼 65 kg，稻鱼增重 2.6 倍，稻田养鱼实际增收 240 元。

图 4-13 稻田养鱼示范区

④ 高效生态农业

大理市围绕建设高效生态农业的发展目标，加大农业种植结构调整，一是加大无公害农产品基地建设，2009 年完成 3 200 hm^2 优质稻生产基地无公害产地环境测评和认证申报。二是以水改旱为主要措施，在银桥镇、湾桥镇推广蔬菜栽培技术，大春改种茄子、辣椒、冬瓜、胡萝卜等蔬菜作物；在银桥镇、喜洲镇、湾桥镇、大理镇、下关镇推广大春改种玉米、烤烟，小春改种大蒜和大荚豌豆，全年共计调整旱作物种植 1 040 hm^2。三是采取合理补偿措施，在崇圣寺三塔核心区及沿"大丽"公路两侧 50～100 m 范围内，实施"冬油夏葵"种植结构调整，完成小春连片种植油菜 82.04 hm^2、大春连片种植向日葵 67.14 hm^2，进一步美化三塔景区和海西田园风光。四是抓住国家实施"东桑西移"的机遇，加大资金扶持和科技培训、技术服务等工作，加快蚕桑产业发展，在双廊镇五星村、太邑乡桃树村、凤仪镇三家村、挖色镇大城村定植优质桑苗 43.34 hm^2，全市蚕桑面积发展到 66.67 hm^2。通过以上措施的实施，进一步推动了全市农业向生态型、高效型发展。2009 年全市农业总产值达 21.95 亿元，同比增长 10.03%；农民人均纯收入达 4 872 元，同比增长 10.33%，高效、生态农业建设取得新进展。

洱源县先后有 21 000 亩无公害大蒜通过了无公害农产品产地和产品认证，占全县农作物种植面积的 5.3%，远远低于全国和全省平均水平。水产养殖 6 个品种（鲤鱼、草鱼、鲫鱼、鲢鱼、鳙鱼、团头鲂），350 hm^2（茈碧湖镇、右所镇、邓川镇的九个村委会）通过认证，基本实现适宜养殖水面的全覆盖。洱宝、天滋、中洱等 4 家梅果加工企业的雕梅、炖梅、青梅爽等 6 个系列 13 个品种通过了绿色食品和有机食品认证，但由于缺乏经费投入和技术人员，加之目前市场优质优价调节作用不明显和监管措施不力，导致企业和农户发展无公害农产品的积极性不高，为进一步加强洱海保护，全面实现农业生产地提质增效，夯实生态农业发展基础，洱源县一方面制定主要农作物的无公害生产技术规程，加大对农户的培训力度，另一方面科学规划，积极争取省农业厅的项目支持，将洱源列为 2009 年无公害农产品产地认定整体推进实施项目县，项目建成后，将使洱源县无公害农产品的种植比例达 90%以上。

（3）畜禽养殖污染防治

① 实施情况

从 2009 年开始，大理州委、州政府高度重视洱海流域畜禽养殖污染治理，大理州人民政府关于印发《2009 年洱海保护及洱源县生态文明建设工作意见》和大理州人民政府关于印发《2010 年洱海保护及洱源县生态文明建设工作意见》，都把畜禽养殖污染治理列入洱海保护及洱源县生态文明建设工作的重要内容。

大理州农业局、畜牧兽医局作为项目主管部门，制定了《洱海流域农业面源污染防治重点项目实施意见》，将治理任务分解到州畜牧站、大理市畜牧局、洱源县畜牧局，加强项目的落实、指导、检查，确保完成治污任务。

大理州畜牧站在州科技局的支持下，一是开展生物发酵床“零排放”养猪技术试验示范，取得成功后，大面积在洱海流域推广；二是在欧亚奶牛场开展循环利用牛粪种植双孢菇、巴西菇试验示范，取得成功后，已在 2 个奶牛场和 1 个示范村推广。2009 年，大理市在喜洲和上关两个乡镇建成堆粪发酵池 3 877 个 15 196 m^3，完成投资 545.3 万元；在 19 个规模奶牛养殖场建设堆粪发酵池 2 450 m^3、沉淀发酵池 2 450 m^3 和在大理市欧亚风景牧场、金泰牛场等两个牛场开展牛粪干燥试验示范，完成投资 382.6 万元；大理市 2009 年生物发酵零排放自然养猪试验、示范、推广项目，在大理市环洱海流域内 4 个规模生猪养殖场新建和 1 个村委会改建猪舍共 2 000 m^2 和发酵床 2 000 m^2，完成投资 110 万元；在大理金泰奶牛养殖场、大理欧亚风景牧场两个牛场建设 2 个菇棚，试验、示范种植双孢菇 2 000 m^2，完成投资 30 万元；由九园生物有机肥公司实施，在现有两条生产线的基础上增加第三条生产线，在上关镇建设畜禽粪便收集站，完成投资 270 万元。5 个子项目共完成投资 1 337.8 万元。

大理州政府、州财政局在财政十分紧张的情况下，加大投入力度，特别是创新投资方式，以政府信用贷款的方式，筹集贷款，其中 2009 年和 2010 年共投入畜禽养殖污染治理资金 1 320 万元。

在大理州洱海保护领导组的统一领导下，州农业、畜牧、环保、财政等部门密切配合，州、市县农业、畜牧部门协同努力，2009 年和 2010 年均圆满完成年度任务目标。

② 技术方案

第一，切实开展生物发酵床“零排放”养猪技术试验、示范、推广。在洱海流域 18 个规模养猪场示范推广生物发酵床 7 300 m^2，生物发酵床出栏生猪 1.8 万头，直接减少猪污染物排放 1.8 万 t（其中：粪 2 700 t、尿 5 300 t、养殖污水 9 000 t)，有效降低了洱海流域养殖业面源污染，为洱海流域农业面源污染治理积累了工作经验。

第二，切实开展循环利用牛粪种植双孢菇等食用菌试验示范项目。2009—2010 年在 2 个规模奶牛场和 1 个示范村共建设菇棚 26 个，菇床 4.2 万 m^2，利用鲜牛粪 3 360 t，年可产双孢菇、巴西菇 350 t，产值 280 万元，实现纯利润 140 万元。利用牛粪制作菇床、收菇后基质料成为改善土壤结构、增加土壤有机质的优质有机肥，实现牛粪的循环利用。

第三，推广奶牛分户养殖粪便收集发酵循环利用技术。在洱海流域的上关、喜洲、邓川、右所 4 个奶牛养殖重点镇推广以户为单位的堆肥发酵池，共建设堆肥发酵池 9 300 个，总容积 3.72 万 m^3，年可收集与堆肥发酵牛粪 6 万 t。解决非用肥季节的牛粪堆集发酵，经好氧发酵达到无害化处理牛粪的目的。

第四，开展规模奶牛养殖场粪便处理循环利用技术示范推广。对 20 个规模奶牛场实施粪便规范化处理技术。实行雨污分离、干湿分离，统一采取干清粪工艺，固体粪便建设带领堆肥发酵池，实行好氧发酵，发酵后粪便既可还田种植牧草、蔬菜、水果、粮作，还可交有机肥厂生产生物有机肥；液态粪尿和冲洗水进入三格式发酵池，经沉淀后厌氧发酵，排入牧草地或农地，实现种养平衡、循环利用、削减污染。20 个奶牛场共建设堆肥发酵池 2 700 m^3，收集发酵牛粪 2 万 t；建设沉淀发酵池 2 700 m^3，配套管网后，年可收集处理牛尿及冲洗水 3 万 t。

第五，推广利用畜禽粪便生产生物有机肥技术。扶持大理九园生物有机肥厂完成技改扩建，年处理畜禽粪便 4 万 m^3（鲜粪约 5 万 t)，扶持建设大理顺风生物有机肥厂。项目建成后，可年收集加工畜禽粪便 10 万 m^3（12 万 t 鲜粪)。

4.3.3.4　农村水污染控制技术政策评价

（1）评价方法

采用财政性技术政策类型的评价方法，对政策效果、政策措施和政策投入及其它们之间的因果关系进行评价，评价时间为 2005—

2010年，评价范围为洱海流域，评价对象2005—2006年洱海流域农村水污染控制技术相关政策实施效果。重点评估政策的有效性及其成因，并提出政策建议。

（2）评价结果

① 政策效果

通过测土配方施肥、控释肥、秸秆覆盖等控源增容措施，洱海流域农田降低氮、磷化肥亩用量10%～20%。21世纪初洱海流域生活污水基本不做任何处理，直接通过各种途径流入附近水体最终进入洱海。近年来，乡村生活水处理设施建设受到高度重视，村落污水处理设施设计标准较高，多为雨污分流制，出水质量大部分能达到一级A标准，有效削减了农村水污染物的入湖量。

然而据统计，2003年，洱海第二次富营养化期间，在进入洱海的总氮和总磷负荷中，农业面源污染分别占53%和42%。而在2010年，面源污染物占入湖污染物总量的90%以上，其中农田面源污染、农村畜禽养殖粪便和农村生活污水3项总和占到了污染物总量COD的65%以上、总氮的82%以上和总磷的67%以上。可见随着社会经济的发展，洱海面源污染也在不断加剧，而农村水污染技术政策的实施并未能有效降低面源污染物的排放量。

② 政策措施

洱海流域主要通过推广实施测土配方施肥、平衡施肥、退耕还林、天保工程等项目来治理农田化肥、农药径流和土壤侵蚀污染，通过加强畜粪管理、推广发酵舍、生产有机肥等防治畜禽养殖污染，通过建设户用沼气池和村落污水处理设施处理农村生活污水，2003—2010年农村水污染控制工程设施建设和环保技术的推广情况见表4-10，平衡施肥推广面积年递增率约为10.5%，沼气池数量递增率约为11.3%，畜禽养殖污染处理设施更是从无到有，迅速推广。可见，政策措施实施力度较大。

表 4-10　洱海流域农村水污染控制技术政策发展历程

年份	农田污染治理	畜禽污染治理	生活污水处理
2003—2004 年	● 至 2004 年，流域控氮减磷平衡施肥面达 35 万亩	● 2003 年在大理市七里桥生态示范园，阳和村投资 2 万元修建 28 个高温堆肥池 ● 2004 年初大理市凤仪镇的有机肥厂建成一条年生产 7 500 t 的生产线	● 至 2004 年，建成沼气池 1 万口
2010 年	● 大力推广测土配方、控氮减磷、优化平衡施肥技术 63.8 万亩 ● 建设 10 万亩无公害农产品基地 ● 实施水源林建设、天保工程和退耕还林，实施完成 15 km^2 水土流失治理任务	● 建设畜禽规模养殖园区，实施规模奶牛养殖场粪污治理，完成 1 800 m^3 堆粪发酵池、1 450 m^3 沉淀发酵池 ● 建成堆粪发酵池 3 642 个、18 548 m^3 ● 推广生物发酵自然养猪法示范，实施畜禽粪便集约化处理及生产加工有机肥设施扩建，扩建生产车间 3 137.48 m^2	● 建成沼气池 1.9 万口 ● 建成 8 257 户农户污水收集处理系统

③ 政策结果与措施的一致性分析

根据以上分析，政策措施显著，政策效果却不显著，两者存在一定程度的不一致性。究其原因，技术政策实施的力度跟不上污染物增长的速率，因此还需加大政策投入，不仅要加强技术推广、工程项目建设，还需通过结构调整、布局优化和清洁生产等措施进行综合治理，目前在政策投入方面存在以下问题：

总的来说，洱海流域高度重视农村水污染控制技术示范与推广，对洱海保护起到了积极作用，政策投入较大，但仍然存在以下问题。

第一，结构调整与布局优化等管理技术实施力度较小，高污染行业如规模化养殖、蔬菜、大蒜等经济作物的种植活动需制定有效的环境准入制度、污染监管制度和相应的保障措施。

第二，治理资金投入严重不足。目前仅有州级投入，中央和省级尚未专项投入畜禽养殖污染治理。

第三，科技支撑体系滞后。目前，洱海流域农村水污染治理的科技支撑主要依托州环保局、农业局和建设局的主管业务部门，未核定专业技术人员编制，缺乏必要的科研和试验条件，与长期而艰巨的治污任务极不适应。

第四，现开展的示范推广项目缺乏关键项目支撑。例如，生物发酵床养猪技术和循环利用牛粪种植双孢菇、巴西菇项目已顺利推广，两项技术的关键点是菌种的筛选、培育、繁殖、生产，长期依靠外引，将耗费大量的财力、物力、人力，无法实现关键技术的自主创新。

4.3.4 太湖流域农村生活污水处理政策评价——以常州市为例

4.3.4.1 总体情况

常州市地处太湖流域苏南经济发达地区，东濒太湖，与上海、苏州、无锡相邻，西与南京、镇江接壤，南与安徽交界，北襟长江。近几年，随着当地农村经济的迅猛发展，农村生活污水的产生量已远远超出了现有河流、湖泊的自净能力，对居民的生产、生活构成了威胁。尤其是太湖蓝藻事件暴发以后，常州市作为太湖流域农业面源污染防治的重点地域，省、市两级政府都加大了对乡村生活污水的治理力度，江苏省太湖水污染治理工作方案要求，到 2010 年，太湖一级保护区内的农村生活污水处理率要达到 70%，其他乡镇的农村生活污水处理率要达到 40%。为此，常州市因地制宜进行积极试点，探索和实践了乡村生活污水生态净化工程的建设。

4.3.4.2 技术模式

（1）土地处理系统

以武进区雪堰镇雅浦村为例，设施该村位于太湖湖边，辖 9 个村民小组，共 300 户 1 100 人，外来人口较少。已全部改厕，粪便污水通过三格式化粪池处理后就近接入下水道，雨污合流，集中排入村南侧的排水沟，就在此排水沟头建造污水收集池，经提升进入污水沉淀池，提升动力采用太阳能，沉淀后的污水自流进入土壤处理系统。土壤处理系统的基本原理是通过布水管和毛细材料的虹吸作用，将污水均匀分布于根据现场土质人工配置的通气透水性能良好的人工土壤中，通过人工土壤中聚集着的大量微生物和各种微型动植物，将污水中的有机物吸附、降解和转化为二氧化碳和水，有机氮被分解转化为硝酸盐或氮气，大部分磷被吸附和截留，土壤中大量原生动物和后生动物以微生物为食，减少了剩余污泥量。经过净化后的污水进入景观植物吸收塘，进一步降低水中的氮、磷等营养物质，最终出水用于绿化或作物的灌溉水，基本不外排。

图 4-14　雅浦村生活污水处理工程项目

图 4-15　雅浦村土地处理系统

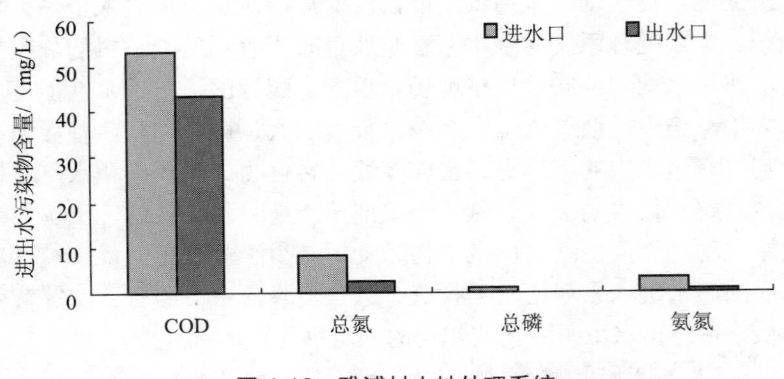

图 4-16 雅浦村土地处理系统

（2）厌氧滤池—接触氧化—人工湿地

示范工程位于牛塘镇丫河村，该村位于武宜运河西岸，其中心安置小区建有住宅 200 多套，居住 1 000 人。其污水处理的工艺流程为：污水汇总收集—油水分离池—厌氧沉淀池—厌氧消化池—厌氧生物填料池—厌氧滤池—接触氧化—排气口—水质净化型人工湿地。主要工作原理是：利用管网收集的污水首先进入油水分离池隔油，定期专人清理油污，然后进入厌氧沉淀池，污水中的悬浮物沉降下来成为活性污泥，通过一定时间的发酵，有机物得到降解。厌氧消化池的出水底部进入组合填料滤池，通过合理的配水系统进入填料层，滤料层由组合填料组成，滤料表面有大量的厌氧生物膜和厌氧活性污泥中的厌氧微生物对通过污水中的有机物进行吸附和分解，处理后的污水从池上部排出。紧接着污水进入接触氧化池，利用排风系统随时将产生的气体排出，同时通过逆流系统对氧化池内流过的污水进行好氧处理。从接触氧化池排出的水进入水质净化型人工湿地，在湿地中进行氧化—还原、分解—化合、沉淀—溶解、吸附—解吸、胶溶—凝聚等一系列过程，使流入人工湿地的污水能达标排放。

（3）塔式蚯蚓生态滤池

由水解酸化池和多级塔式蚯蚓生态滤池组成，水解酸化池为埋地池，塔式蚯蚓生态滤池采用模块化结构、梯度塔层设计、多级单元串联的方式，塔层采取楼梯型或回转型模式组合；在蚯蚓床中增设内层布水管使布水均匀；采取跌水曝气技术和淋水技术增加污水中溶解氧浓度。塔式蚯蚓生态滤池系统能够有效提高对污水冲击负荷，表面水力负荷可达 $1m^3/(m^2 \cdot d)$；较大程度地提高系统的脱氮、除磷能力，经测试系统总氮去除效率可达 80%以上，总磷去除效率可达 90%以上，出水可以达到《国家污水排放标准》(GB 8978—1996）要求。本系统工程和运行成本低，占地面积少，可实现运行自动控制，适用于村镇、旅游景区排放相对集中的生活污水处理。

图 4-17　丫河村生活污水处理工程

图 4-18 丫河村人工湿地处理工程

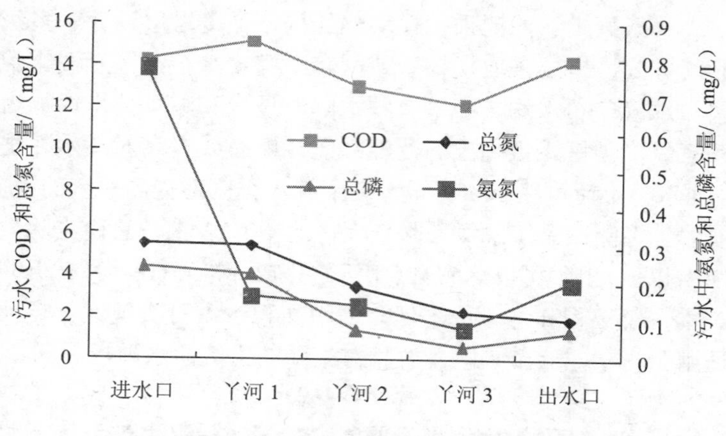

图 4-19 丫河村氧化沟—人工湿地

图 4-20 金坛市直溪镇汀湘村塔式蚯蚓生态滤池

示范点位于金坛市直溪镇汀湘村东岗，该村有 130 余户，设计装置日处理生活污水量约 30 t，根据农村生活污水产生特点，采用南京大学专利技术塔式蚯蚓生态滤池农村生活污水处理技术，间歇式自动运行，无须人工维护。汀湘村农村生活污水处理工程开工时间为 2008 年 9 月 1 日，11 月 15 日完工，现已连续正常运行。工程总投资（含管网）约 65 万元，其中，水生植物塘约 3.0 万元，塔式蚯蚓生态滤池装置总计约 7 万元。运行费用：每日仅用电 6 kWh，合 3.5 元/d。塔式蚯蚓生态滤池技术由南京大学依托“十五”863 课题自主研发（发明专利 CN 1235817C，实用新型专利 CN 2707745Y），并根据农村生活污水排放现状，与人工湿地技术及污水处理植物塘技术进行了系统集成，有效保证了塔式蚯蚓生态滤池系统污染物去除效果。塔式蚯蚓生态滤池充分利用了动物（蚯蚓）—微生物—植物—土壤—填料的协同作用以及蚯蚓的增加通气性、分解有机物等功能，是一种新型、高效、占地面积小、一次性投资成本低和运行费用少的生物生态农村生活污水处理工艺。

（4）土壤厌氧—曝氧—生态处理

① 项目基本情况

示范工程位于武进区雪堰镇雪东村。全村污水采集后，经过土壤厌氧处理，进入曝氧池，充分搅拌混合后，流经两级生物处理池后流出。通过集中处理，基本消除了臭味。

② 工艺流程和技术参数

全村合流污水—集水井—土壤处理系统—曝氧处理—水生植物吸收—景观植物吸收。

图 4-21　雪堰镇雪东村土壤厌氧—曝氧—生态处理系统

雪东村污水处理系统分土壤中厌氧处理—曝氧处理— 一级生物净化—二级生物净化，通过在污水总管口、厌氧处理出口、曝氧处理池、一级生物净化池、二级生物净化池进行样品采集和检测，发现化学需氧量在曝氧处理过程中最高，在二级生物处理后降为入水口的38.3%；粪大肠菌群下降了51.5%；悬浮物虽然在二级生物处理处有所回升，仍比入水下降了 42.8%；氨氮在曝氧阶段高于入水，出水比入水下降了33.3%，但仍达到处理要求（≤8 mg/L）；悬浮物下降了42.8%（表4-11）；其余指标差异不明显。

表4-11　雪东村污水处理系统进出水水质

项别	pH	COD/(mg/L)	总氮/(mg/L)	总磷/(mg/L)	氨氮/(mg/L)	色度	悬浮物/(mg/L)	石油类/(mg/L)	动植物油/(mg/L)	粪大肠菌群/(个/L)
进水口	8.07	37.91	8.02	0.769	13.66	20	28	0.525	0.280	1 300
厌氧处理	8.10	28.64	6.83	0.566	8.41	25	20	0.080	0.726	940
好氧处理	7.84	42.12	8.45	0.898	14.36	25	15	0.077	0.777	790
出水口	7.97	21.69	8.26	0.765	6.65	20	13	0.008	2.399	760

（5）生态拦截工程

①陈巷浜生态拦截工程

工程概况：陈巷浜面源氮、磷流失生态拦截系统工程治理流域涉及 3 个自然村，分别为乐街新村、百宝巷、安和巷及陈巷桥公路公共厕所1 处。河浜总长度1 240 m，平均宽度12 m，平均水深2.8 m，水面面积约 14 480 m^2，汇水沟塘渠面积约 800 m^2，总面积约15 280 m^2。两岸农田面积65.6 hm^2，服务人口约1 762 人。本工程预处理污水量 830 m^3/d（其中含农业面源排水、地下水渗漏及企业达标排放尾水等），总投资216万元，本着“高效、低耗、投资省、运行费用低、操作与运行管理便捷、充分利用当地资源”的原则，采用缓流纳污河浜原位增氧-动态生态组合工艺处理农村生活污水技术（ODBP）方案治理陈巷浜流域，污水经处理后排入漕桥河。

工艺流程：

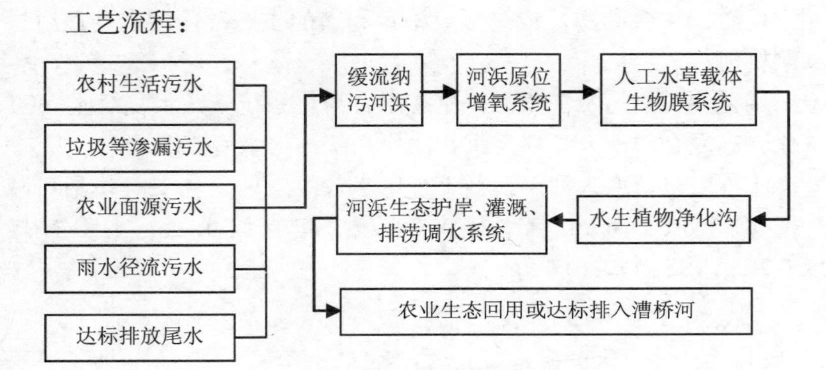

图 4-22　陈巷浜生态拦截工程工艺流程

工程效果：陈巷浜拦截工程每日可减少 COD 排放 36.2 kg，TN 排放 2.2 kg，TP 排放 0.2 kg，NH_3-N 排放 0.1 kg，SS 排放 7.5 kg，出水、进水水质见表 4-12。

表 4-12　进出水水质

工程	指标	COD	总氮	总磷	氨氮	SS
陈巷浜	进水/（mg/L）	82.80	8.00	0.60	1.00	23.00
	出水/（mg/L）	39.20	5.40	0.30	1.10	14.00
	处理率/%	52.66	32.50	50.00	**−10.00**	39.13
西大河浜	进水/（mg/L）	75.10	4.30	0.30	0.80	36.00
	出水/（mg/L）	45.30	3.20	0.20	0.40	17.00
	处理率/%	39.68	25.58	33.33	50.00	52.78

② 西大河浜生态拦截工程

工程概况：西大河浜水环境治理区域为西大河与西坟桥村，农田面积 54.87 hm^2，人口 522 人，河道面积 13 200 m^2，汇水沟渠塘面积 3 300 m^2，总面积 16 500 m^2。本工程日处理能力 550 t，总投资 297 万元。采用生化处理和生态处理相结合的先进技术，使水生植物、动物、微生物有机结合，生态系统内多物种相互协调、相互依存、相互促进、综合利用，最终形成稳定和谐的生态链，污水处理后排入漕桥河。

工艺流程：污水汇集区→生态组合净化系统→跌水复氧区→ET生化生态复合沟→人工浮岛组合净化系统→出水漫流堰。

工程效果：西大河浜拦截工程出水效效果见图 4-23，每日可减少 COD 排放 16.4 kg，TN 排放 0.6 kg，TP 排放 0.1 kg，NH_3-N 排放 0.2 kg，SS 排放 10.4 kg。

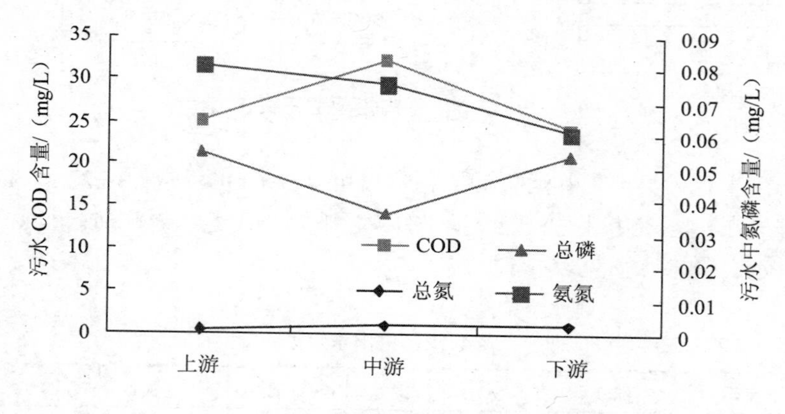

图 4-23 仁庄村生态拦截工程

③ 仁庄村生态拦截工程

示范项目位于武进区雪堰镇仁庄村，总体规模包括蓄水塘 3 个，面积 0.32 hm^2；生态沟渠 250 m，分两期工程实施。第一期工程建拦截坝 3 座，清沟 150 m，清塘 2 个，共 0.213 hm^2，完成沟塘两岸种植垂柳 180 棵，播种三叶草面积 0.12 hm^2，沟种茭白 150 m；第二期工程计划清塘 1 个，面积 0.107 hm^2，清沟 100 m，水塘种植菱角 0.307 hm^2，低洼田种植 0.233 hm^2。通过坡种草、岸种柳，减少水体中氮、磷流失，固定坡、岸泥沙；通过沟塘种植水生植物和多级拦截坝，能多次吸收水中氮、磷，大大降低水中氮、磷含量。通过项目实施能达到“三清除”（清除垃圾、淤泥、杂草）和“三拦截”（拦截污水、泥沙、漂浮物）作用。

4.3.4.3　政策措施分析

（1）调查摸底，科学规划

常州市地处太湖流域苏南经济发达地区，在创建全国生态市的过程中，各镇都建造了或正在建造污水处理厂，但随着常州市城市化进程的不断加快和工业的迅猛发展，本市城镇居民生活污水和工业废水的排放量必将超过现有污水处理厂的处理能力，根本没有能力处理农村生活污水。况且本市现有自然村数量多，分布密度大，要将农村生活污水全部接入镇污水处理厂处理，工程量太大、投资额过高，在近阶段乃至相当一段时期内是不可能的。对于农村生活污水，必须因地制宜，采取分散处理的技术，建设小型的生活污水处理工程。在 2008 年年初，全市就对各个行政村进行了一次排查，摸清了每个行政村的农民居住分布状况，同时根据常州市总体情况，配合各地的农村村庄规划、城镇污水处理厂建设规划，着手编制了《常州市农村生活污水收集处理工程建设规划》，制定实施方案，做到一步规划到位、预留处理场地，逐年分步实施、按期完成任务。

（2）组建机构，落实资金

常州市市委、市政府在 2008 年《环保在行动》方案中专门成立了组织机构负责此项工作，市农林局负责牵头，市环保局和辖市（区）配合实施。常州市农林局牵头协调，加强工作调研、督促指导，市环保局积极协助农林局推进此项工作的开展，市委农工办、市卫生局、财政局、建设局等部门根据各自职责全力做好配合协调工作。常州市农林局成立了农业面源污染治理领导小组，领导小组下设办公室，负责指导、督促、协调系统内所有部门认真履行工作职责。系统内各部门实行“一把手”负责制，并指定专人作为联络员，从而在全系统上下形成畅通高效的治理组织网络，为确保污染治理取得实效提供强有力的组织保障。

同时，江苏省、常州市财政下拨了该项工程的启动资金，确保年内完成试点工程。至 2010 年，常州市已累计获省级太湖水污染治理专项资金 5.92 亿元。其中乡村生活污水生态净化处理工程 471 万元，池塘循环水养殖工程 150 万元。

（3）因地制宜，积极试点

在规划的基础上，根据农村经济、地理、环境等实际条件，结合其他地区的成功经验和科研单位的科学设计，因地制宜开展乡村生活污水的收集处理。我们选择了条件较好、有典型代表的自然村落和拆迁安置区进行了生活污水处理试点工程。原则上采用无动力或少动力、无管网或少管网、低运行成本的生态处理技术，根据各村的生活污水排放量和自然环境，采用生活污水收集和景观改造相结合的方式，采取了“A/O 法生化处理-人工湿地”“无动力净化装置-人工湿地”“EV 生化生态复合塘-生态系统组合净化湿地”“生活污水受纳河塘阿尔蔓生态基原位强化处理”和“塔式蚯蚓生态滤池”等多种模式。2009 年江苏省太湖农业面源污染防治二期项目中，常州市计划在 60 个自然村建设乡村生活污水生态净化处理设施，其中金坛市 20 个、溧阳市 10 个、武进区 30 个，建设面源氮磷流失生态拦截沟渠塘超过 40 万 m^2，其中金坛市 4 万 m^2、溧阳市 1.5 万 m^2、武进区 34.5 万 m^2。

（4）长效管理，确保效果

在工程建设之初，我们就考虑了建成后的长效管理问题，明确镇、村两级要做好乡村生活污水处理工程的日常管护工作，切实做到管护人员落实、职责落实、经费落实、检查考核落实，常州市农（渔）业生态环境保护监测站对处理效果进行长期监测，以充分发挥工程最大的环保效益，确保生活污水处理工程正常运转、达标排放，并建议常州市政府出台政策，将自来水水费中的污水处理费划转补助各村的生活污水处理工程运行经费。

4.3.4.4 政策效果分析

（1）污水处理能力

截至 2010 年，常州市建成 407 个农村生活污水处理工程，太湖一级保护区农村生活污水处理率达 50%，二级保护区处理率达 20%。而根据江苏省太湖水污染治理工作方案要求，到 2010 年，太湖一级保护区内的农村生活污水处理率要达到 70%，其他乡镇的农村生活污水处理率要达到 40%。可见，常州市未能完成太湖水环境污染方案的目标。

（2）项目运行效果

出水的 COD、总氮、总磷、氨氮含量如图 4-23、图 4-24 所示。

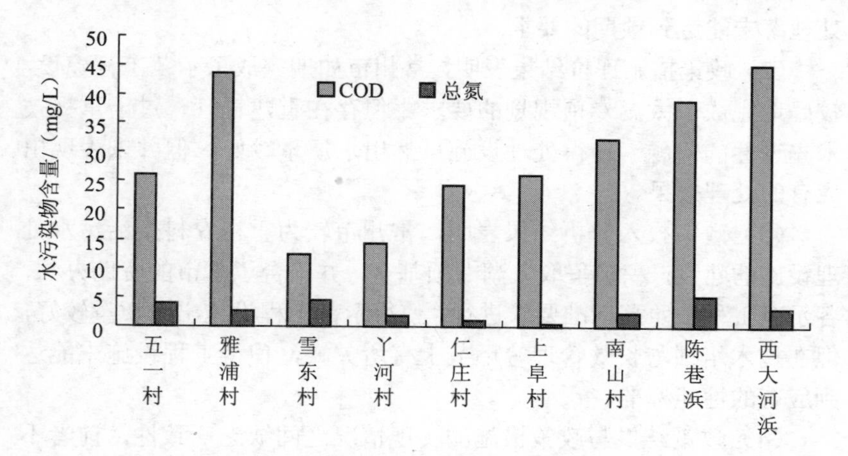

图 4-24　常州市农村生活污水处理工程出水的 COD、总氮含量

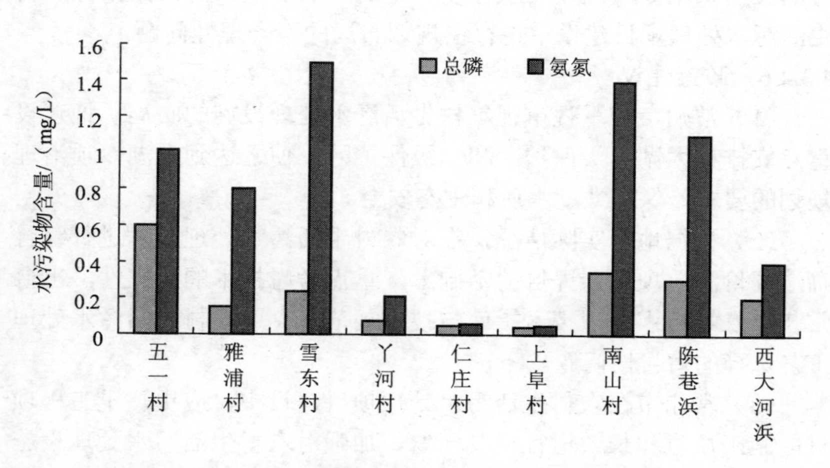

图 4-25　常州市农村生活污水处理工程出水的总磷、氨氮含量

4.3.4.5 评价结论

（1）政策效果评价结果表明，常州市虽然完成了太湖规划要求的项目建设数量，但太湖一级保护区和二级保护区内农村生活污水处理率未能达到预期的要求。

（2）政策措施评价结果表明，常州市如期完成了示范工程建设，较好地完成了太湖专项规划的要求。但存在重建轻管、过于重视技术先进性的问题，使得处理设施虽然出水质量较好，但并未表现出应有的处理效果。

（3）政策投入分析结果表明，常州市较为重视农村生活污水处理设施的建设，积极争取太湖专项基金，并出台了本市的资助办法，各示范工程按照高标准要求进行，使得示范工程设施出水质量较好，但在技术培训与长效管理等环节上有所欠缺，使得工程设施未能达到应有的性能标准。

（4）政策结果与政策措施的实现情况之间缺乏一致性，前者不显著而后者较为显著，表明政策目标的可达性较差，究其原因，一方面表明太湖专项规划要求存在一定的不明确性，而常州市在农村生活污水处理项目建设中也存在规划布局的不合理性问题。

4.3.4.6 政策建议

（1）常州市应重视审视农村生活污水处理设施的布局，把建设重点安排在太湖一级保护区和二级保护区，使之达到太湖专项治理规划的要求，保护太湖水质和生态安全。

（2）根据地区实际情况，在对农村生活污水处理技术进行综合筛选评价和单项优选评价的基础上，重点考虑技术的适宜性，出台常州市农村污水处理技术指南与技术规范，克服农村生活污水处理工艺选择的盲目性问题。

（3）常州市在农村生活污水处理项目建设中，应更注重工程项目的施工质量和长效运行机制问题，加强对农村生活污水处理设施管护人员的技术培训，使工程实施能充分发挥其技术性能特征。

表4-13　农村生活污水处理技术政策评价过程

政策描述	评价内容与指标			原因分析	
	原定指标	实现指标	完成情况	内部原因	外部条件
政策直接目的	太湖一级保护区农村生活污水处理率70%	太湖一级保护区农村生活污水处理率50%	污水处理率没有达到预期要求	污水处理设施不足	规划目标与措施不协调
	太湖二级保护区农村生活污水处理率40%	太湖二级保护区农村生活污水处理率20%	完成了一半既定目标	污水处理设施不足	项目建设资金投入不足
产出/建设内容	建成416个农村生活污水处理工程	建成407个农村生活污水处理工程	基本上完成了既定目标	常州市根据江苏省农林厅计划完成了任务	较好地执行了上级部门下达的任务
	优先考虑选用技术成熟可靠，运行成本低的适合农村特点和农村实际的污水处理技术	许多农村生活污水处理设施示范工程的出水质量达一级A标	出水质量较好	设计标准较高	设计单位较为重视技术先进性
	选用简便易行、运行稳定、维护管理方便，适宜当地的处理工艺	一部分农村生活污水处理设施污染物处理率不高	运行效果不佳	存在重建轻管现象，部分设施技术要求高，缺乏技术培训	技术评估不足 缺乏技术标准 缺乏技术培训
投入/活动	出台了《江苏省太湖水污染治理专项资金使用管理办法》，从2008年开始下达项目资金	2008—2010年，常州市获得了471万元专项资金，《常州市市级生态农业建设项目资金管理暂行办法》把农村生活污水处理工程列入资助范围	政府重视农村生活污水处理	经济发展情况较好，财力雄厚	太湖水质恶化积重难返，受到社会各界的密切关注

4.3.5 我国农田化肥污染防治技术政策评价

（1）化肥施用强度的影响因素分析

根据微观经济理论，生产要素的需求主要受产品的价格、要素自身价格的影响。此外，经济、人口、技术、政策等宏观因素也会不同程度地影响生产要素的需求。综合现有研究成果，本书认为影响化肥施用的主要因素有收入因素、价格因素、种植结构因素、人口因素、劳动力因素、农业贸易因素、农业技术因素、政策因素。

收入因素。化肥既是重要的农业生产资料，也是生产性的消费商品。决定商品需求的两个重要因素，一个是消费者的收入水平，一个是商品的价格。收入是决定化肥需求的重要因素之一。刘光辉分别以我国东西部 15 省为对象，建立了计量模型，研究农民收入与化肥施用量之间的关系，结果显示其中 9 个省份的农民收入与化肥施用量之间存在显著的正向关系，说明随着收入的提高，农民更倾向于通过加大生产要素的投入，获得更多的农业产品，用于农业生产的化肥施用量也将增加。

价格因素。价格作为决定商品需求的另一个重要因素，直接影响商品的需求量。一般而言，化肥价格降低，化肥需求量和施用量会增加，化肥价格提高，相应的化肥需求量和施用量会减少。1998 年之前，我国化肥流通主要以统购统销的计划供给形式为主。1998 年之后，随着化肥流通体制改革的推行，我国化肥流通逐渐向市场化供给形式转变，化肥价格基本与市场接轨，价格机制对化肥供需的调节和对化肥消费的影响作用更为显著。除了化肥价格以外，农产品价格也是影响化肥需求的重要因素，农产品价格越高，为了获得更多的产品和收益，投入的化肥量也会增加。

种植结构因素。根据中国农科院土肥所对我国吉林、山东、陕西、四川、湖北、广西、江苏 7 个省份的 1 958 个农户调查的结果表明，不同农作物化肥的施用量具有一定差异，经济作物的化肥用量普遍比粮食作物多 61.5%。因此，在种植面积一定的条件下，各种农作物种植比重的变化必然会影响化肥的施用量。

劳动力因素。随着我国城市化、工业化的快速发展，越来越多的农业人口转化为非农人口，农业劳动力数量呈现持续下降的趋势。作为化肥施用的主体，农业劳动力的减少可能对化肥施用产生正反两个不同方向的影响。一方面，农业劳动力减少使农民更倾向于使用省时省工的化肥来替代传统农业生产中有机肥的使用，从而增加化肥的施用量；另一方面，农业劳动力数量减少反映到外地就业的农民数量增加，农民家庭对获取农业生产性收入的依赖减小，从事农业生产的积极性降低，从而会减少生产要素（包括化肥）的投入。

农业技术因素。有学者指出我国的农作物化肥养分利用效率低下是化肥投入水平较高的主要原因。化肥养分利用效率受到诸如降雨、土壤本底肥力、光热等自然因素以及作物品种、栽培方式、施肥方式等技术因素的影响。实践证明，品种优化、测土配方施肥等农业技术水平的提升，能够提高化肥的利用效率，促进化肥资源的节约利用。

（2）模型、指标与数据

① 模型

化肥施用及其影响因素之间的函数关系如下式：

$$Q = \alpha + \beta_1 pri_1 + \beta_2 pri_2 + \beta_3 str_1 + \beta_4 str_2 + \beta_5 tech + \varepsilon$$

式中：Q—— 化肥施用量；

pri_1—— 化肥价格；

pri_2—— 农产品价格；

str_1—— 种植业收入比例；

str_2—— 粮食播种面积比例；

$tech$—— 农业技术水平；

α—— 常数项；

β_1，β_2，β_3，β_4，β_5—— 各影响因素的系数；

ε—— 误差项。

② 指标

在以上分析的基础上，我们分别确定各影响因素的衡量指标。

考虑到农业政策中的农业税减免政策、粮食补贴政策以及农产品价格支持政策的实施作用皆是为了提高农民收入和保证粮食安全供给，为了避免序列相关性，仅采用农民收入和种植结构指标进行分析；农业技术中涉及的因素纷繁复杂，且统计数据难以收集，因此，采用化肥产出效率作为代理指标进行分析。本书用化肥施用折纯量与农作物播种面积的比值，即化肥施用密度作为化肥施用量指标；以农村居民家庭生产性人均纯收入作为农民收入指标；以指数形式表示的化肥价格增长率作为化肥价格指标；以指数形式表示的种植产品生产价格作为农产品价格指标；以粮食作物播种面积占农作物总播种面积的比值作为种植结构指标；以种植业劳动力数量与农作物播种面积的比值作为劳动力指标之一；以人均种植业纯收入占农村居民人均纯收入的比值作为劳动力指标之二。以化肥的产出效率，即不变价格的种植业产值与化肥施用折纯量的比值表征化肥养分的利用效率，作为农业技术指标。

③ 数据来源及处理

化肥施用折纯量来源于《中国农村统计年鉴》(2000—2009 年)；农作物播种面积来源于《中国农业年鉴》(2000—2009 年)；农村居民家庭生产性人均纯收入来源于《中国统计年鉴》(2000—2009 年)；化肥价格指数来源于《中国农业年鉴》(1999—2009 年)；种植产品生产价格指数来源于《中国农产品价格调查年鉴》(2009 年) 和《中国农村统计年鉴》(1999—2003 年)，并折算为以 1992 年为基期的指数数据；种植业劳动力数量是将种植业总产值占农、林、牧、渔业总产值的比重作为权系数，乘以各地区第一产业就业人数计算得到，第一产业就业人数数据来源于《中国统计年鉴》(1999—2009 年)，农、林、牧、渔业生产总值来源于《中国农村统计年鉴》(1999—2009 年)；人口数量来源于历年《中国人口统计年鉴》(1999—2009 年)；各地区种植业总产值指数来源于《中国农村统计年鉴》(1999—2009 年)，并折算为以 1992 年为基期的不变价总产值。

④ 数据的统计描述

农田化肥投入与农业生产指标如表 4-14 所示。

表 4-14　我国农田化肥投入与农业生产相关指标

年份	单位面积化肥施用量/（kg/hm²）	种植产品价格系数	化肥价格指数	种植业收入比例/%	粮食作物播种面积比例/%	化肥生产率/（元/kg）
1992	307.07	100.00	100.00	0.31	0.74	19.07
1993	331.43	112.05	124.90	0.34	0.75	19.11
1994	349.60	159.01	169.11	0.34	0.74	19.72
1995	378.39	175.90	187.38	0.34	0.73	20.19
1996	294.37	129.79	172.76	0.34	0.74	20.73
1997	306.44	97.18	157.91	0.33	0.73	21.27
1998	315.00	86.91	149.85	0.32	0.73	21.98
1999	319.21	80.30	139.21	0.31	0.72	22.78
2000	323.32	81.17	136.29	0.27	0.69	23.47
2001	333.33	100.01	139.56	0.26	0.68	23.84
2002	344.59	105.69	141.75	0.25	0.67	24.53
2003	357.52	107.46	159.86	0.25	0.65	25.09
2004	378.67	124.46	180.33	0.26	0.66	25.65
2005	390.46	117.66	180.54	0.24	0.67	26.37
2006	404.57	106.12	186.62	0.23	0.69	26.89
2007	419.59	114.76	245.83	0.23	0.69	26.94
2008	430.43	119.08	230.36	0.21	0.68	27.77
2009	443.99	111.55	227.04	0.21	0.69	28.16

（3）实证结果与分析

农田化肥投入强度计量模型显著性检验的回归分析结果（表 4-15）表明，该方程拟合效果较好，Adjusted R Square 达 0.90。

表 4-15　农田化肥投入强度计量模型的显著性检验

	系数	标准误差	t	P	下限 95.0%	上限 95.0%
种植产品价格指数	0.34	0.09	3.62	0.004	0.13	0.54
化肥价格指数	−0.01	0.10	−0.13	0.900	−0.23	0.20
种植业收入比例	−0.70	0.27	−2.60	0.023	−1.29	−0.11
粮食作物播种面积	1.94	0.79	2.45	0.031	0.21	3.66
施肥技术	0.64	0.46	1.40	0.186	-0.35	1.63
Adjusted R Square	0.90					

农民人均纯收入与化肥施用均表现出显著的正向影响关系，说明随着农民人均收入的增长，化肥购买力水平提高，农民偏好于加大化肥的投入提高农作物产量来获得更多的收入，促使化肥施用密度增加化肥价格增长率对化肥施用密度均呈显著的负向影响，说明随着化肥价格增速的加快，化肥施用密度会降低。

种植产品生产价格对化肥施用密度的影响具有一定的差异。种植产品生产价格每增加 1%，化肥施用密度分别增加 0.34%。化肥价格指数对化肥投入强度的影响不显著。

种植业收入占农村居民人均收纯入的比例对化肥投入强度有着显著的影响，种植业收入比例每增加 1%，化肥投入强度减少 0.7%，主要是因为种植业收入比例较高时，农户会投入更多的精力用于种地，通过精耕细作来提高农产品的单产，减少化肥投入，以此来降低生产成本。

粮食种植面积比重对化肥施用密度均呈显著的负向影响，即粮食种植面积比重的提高，会使化肥施用密度提高，粮食种植面积比重每增加 1%，化肥施用密度会提高 1.94%；这与我们的假设正好相反，可能是因为粮田的平均化肥投入量高于所耕地的平均化肥投入量。

施肥技术对于化肥投入量有着正面的影响，即施肥技术效率越高，化肥投入强度也越高，但影响不显著。虽然我国施肥技术效率呈上升趋势，但主要体现为增产技术，而对化肥污染的防治效果并不显著，甚至还有促进倾向，可能是因为农业技术推广部门更关注农业技术的经济效果而非环保效果。

（4）结论

我国化肥使用强度呈不断上升趋势，加剧了肥料污染的趋势，农产品价格和粮食作物播种面积对于化肥使用强度有着显著的促进作用，而种植业收入比例则有着较好的减缓作用，肥料施用技术效率不断提高，但对于化肥使用强度没有显著影响。

因此，农业技术政策应加强对于肥料污染的重视，还与其他产业政策相结合，如加快土地使用权的流转，让耕地真正流转到精耕细作的农户手上，促进肥料的理性使用，减少盲目投入和流失量，从而减缓化肥污染的影响。

4.3.6 《畜禽养殖污染防治技术政策》评价

4.3.6.1 背景分析、政策描述

（1）政策背景分析

改革开放以来，畜禽养殖业得到了持续快速发展，主要畜禽产品产量连续 20 年以 10%左右的速度增长。由于我国发展集约化养殖业的时间比较短，总体上讲，污染物收集处理、粪便资源化装备水平较差。

长期以来各级政府对畜禽养殖都采取扶植态度，将其作为国民经济的增长点；但是对畜禽养殖污染的严重性和污染治理的必要性认识不足，很长一段时间中并没有把畜禽污染治理作为环境保护监督管理的内容，也没有将发展规模化、集约化畜禽养殖作为污染防治的一个重要手段，这些造成了我国畜禽养殖业对环境污染十分惊人。

2010 年 2 月发布的《第一次全国污染源普查公报》中对农业源、生活源和工业源主要污染物的排放量进行了分析汇总。其中农业源 COD 和总氮排放量分别为 1 324.09 万 t 和 270.46 万 t，若将总氮折算为氨氮，氨氮排放量约为 91.81 万 t，因此，农业源 COD 和氨氮分别占全国排放量的 43.7%和 53.1%。在农业源中，畜禽养殖业的 COD 和氨氮排放量分别为 1 268.26 万 t 和 71.73 万 t，占农业源 COD 和氨氮排放量的 95.8%和 78.1%，占全国 COD 和氨氮排放量的 41.9%和 41.5%。由此可见，畜禽养殖业作为全国重点污染防治行业，其污染防治工作需要得到进一步的重视和强化。

据调研，从排放方式角度来看，在出栏数大于 50 头猪的畜禽养殖场中有 20%～30%的养殖场废水是直接排向地表水体的。另外，某些矿物质和重金属元素，如铜、锌等能够促进畜禽生长，提高饲料的利用效率，增强动物的抗病能力。如向饲料中加入过量的添加剂，这些元素经过动物的粪尿排出，对环境水体和土壤都会产生污染。

（2）政策目标分析

《畜禽养殖污染防治技术政策》（以下简称《政策》）的颁布意在引导排污企业和用户选择最佳的生产工艺和适宜的污染防治技术路线和措施，避免企业和用户在实施污染防治时走弯路。根据养殖规模，具体分为以下两种情况：对于规模化大型畜禽养殖企业，《畜禽养殖污染防治技术政策》引导企业污染治理技术开发的方向，使技术开发与实际需要紧密结合；对于集约化程度不高的养殖小区或养殖户，《畜禽养殖污染防治技术政策》促进其技术更新，抛弃传统分散养殖的简单技术，采用先进的集约化污染治理技术，达到污染无害化、资源化、减量化的效果。

（3）政策机制分析

《畜禽养殖污染防治技术政策》指主要通过以下途径实现其政策目标：

① 指导畜禽养殖业环境保护监督管理；

② 指导相关技术法规和排放标准的编制；

③ 指导畜禽养殖发展规划；

④ 指导畜禽养殖建设项目环境影响评价；

⑤ 指导畜禽养殖污染防治设施建设与运行；

⑥ 指导畜禽养殖污染防治技术的研发。

（4）政策效果的分析

政策的效果影响如图 4-26 所示。

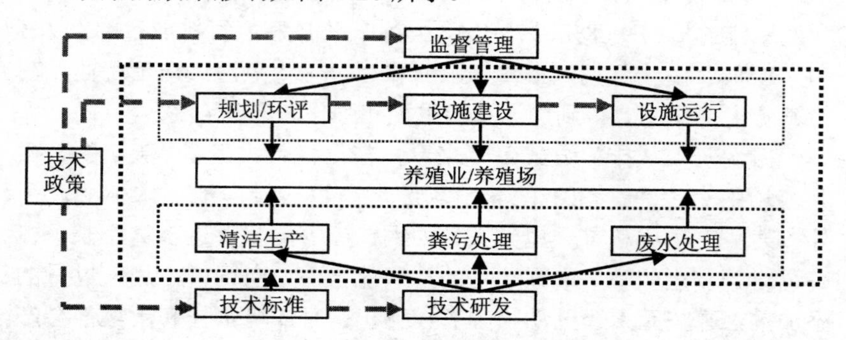

图 4-26　技术政策的效果影响

4.3.6.2　逻辑推理，建立假设

（1）指导畜禽养殖业环境保护监督管理

① 前提假设

● 环境行政部门对畜禽养殖业存在有效的监督管理，包括机构、职能、人力、物力和财力的分配。

● 环境行政部门遵循《畜禽养殖污染防治技术政策》监督养殖场的布局、清粪、粪便处理和废水处理的技术行为。

② 指标

● 畜禽养殖污染防治的职能分工情况。

● 畜禽养殖污染防治的财政投入情况。

● 畜禽养殖污染防治的设施建设情况。

（2）指导相关技术法规和排放标准的编制

① 前提假设

● 《畜禽养殖污染防治技术政策》指导《技术指南》和《技术规范》的编制。

● 《畜禽养殖污染防治技术政策》指导《畜禽养殖污染排放标准》的编制或更新。

② 指标

● 《畜禽养殖污染防治技术可行技术指南》与《畜禽养殖污染防治技术政策》的协调性。

● 《畜禽养殖污染防治技术政策》与《畜禽养殖污染排放标准》的协调性。

（3）指导畜禽养殖发展规划

① 前提假设

● 污染防治纳入了畜禽养殖发展规划。

● 畜禽养殖发展规划中遵循《畜禽养殖污染防治技术政策》的要求进行畜禽养殖业规模、结构、布局、设施、技术和管理方案的规划。

② 指标

● 国家畜禽养殖污染防治规划与《畜禽养殖污染防治技术政策》

的协调性。

● 地方畜禽养殖污染防治规划与《畜禽养殖污染防治技术政策》的协调性。

（4）指导畜禽养殖建设项目环境影响评价

① 前提假设

● 畜禽养殖建设项目建设前进行了环境影响评价。

● 环评编制中遵循《畜禽养殖污染防治技术政策》设计替代方案。

● 推荐的替代方案具有较好的成本有效性。

● 环评方案的实施能得到有效的监督。

② 指标

● 畜禽养殖业“环评”制度执行率。

● 环评编制中替代方案的设计遵循《畜禽养殖污染防治技术政策》的概率。

● 环评编制中对替代方案进行成本效益分析的概率。

● 利益相关者参加环评的比例。

（5）指导畜禽养殖污染防治设施建设与运行

① 前提假设

● 畜禽养殖场建设项目建设了污染防治设施。

● 畜禽养殖场的污染防治设施的设计遵循《畜禽养殖污染防治技术政策》的要求。

● 畜禽养殖场的污染防治设施得到有效运行。

② 指标

● 规模化养殖场“三同时”制度执行率。

● 《畜禽养殖污染防治技术政策》推荐的技术在实践中的应用情况。

● 养殖者对《畜禽养殖污染防治技术政策》的了解程度。

（6）指导畜禽养殖污染防治技术的研发

① 前提假设

● 遵循《畜禽养殖污染防治技术政策》开展的研发能得到国家

和地方的科研立项。

● 遵循《畜禽养殖污染防治技术政策》反映了畜禽养殖者对污染防治技术的需求。

② 指标

● 当前畜禽养殖污染防治技术重大科研立项与《畜禽养殖污染防治技术政策》的协调性。

● 当前畜禽养殖污染防治的主要应用技术与《畜禽养殖污染防治技术政策》的一致性。

4.3.6.3　现象观察，假设验证

（1）畜禽养殖业环境保护监督管理状况

① 治理情况

畜禽养殖已经成为我国环境污染的重要来源，但目前，我国的畜禽养殖业的环境管理还相当薄弱。表 4-16 为不同规模养猪场内部环境管理情况。

表 4-16　我国不同规模养猪场内部环境管理情况

规模/头	200～500	501～1 000	1 001～5 000	5 001～10 000	10 000～50 000
进行干湿分离的比率/%	36.02	37.75	47.85	48.43	52.56
采用机械分离的比率/%	24.71	22.95	18.85	13.82	19.51
有固体废物处理设施比率/%	8.38	10.73	20.49	25.98	28.21
有污水处理设施比率/%	12.46	15.71	27.18	34.65	50.0

资料来源：国家环境保护总局自然生态保护司. 全国规模化畜禽养殖业污染情况调查及防治对策[M]. 北京：中国环境科学出版社，2002.

从整体上看，我国畜禽养殖场的内部环境管理粗放、薄弱，约 60%的养殖场缺乏干湿分离这一最为必要的环境管理措施；而且对于环境治理及综合利用的投资力度明显不足，约 80%的规模化畜禽养殖场缺乏必要的污染治理设施及投资。

② 治理能力

养殖业是市场经济的组成部分，属于农业的下游产业，受市场

波动影响大，它的发展、调整和治理工作必须符合市场规律。在现有的技术条件下，畜禽产业集中、污染技术的应用都会产生一定的成本，在特定区域或特定的市场条件下，污染控制技术产生副产品如沼气、肥料等可能很难抵消治理工程的成本投入，这在很大程度上会影响技术政策的实施。

畜禽养殖行业是微利行业，而建一个粪污治理过程少则几十万元，多则上千万元，而我国绝大多数猪场的规模在500～3 000头，这些养殖场业主无力承受粪污处理投资，污染防治投资压力较大。目前我国的污染防治投资主要用于城镇生活污染治理和大型工业污染治理，很少投资于畜禽养殖业环境污染治理。运行维护成本也很高。要保证一个日处理 100～200 t 猪场污水处理设施正常运行，1年需要投入运行费用近16万元，相当于800头生猪利润（按每头利润200元匡算）。由于养殖行业产品价格变化较大，利润空间较小，因此环境治理设施的运行压力较大，绝大多数已建的粪污治理工程处于停运状态，处理效果无法达到设计效果。

畜禽养殖污染治理资金投入严重不足，虽近几年随着农村环境综合整治工作的开展，畜禽养殖污染防治受到一定重视，但相对于其污染点多面广、遗留问题较多、治理基础薄弱等现状而言仍显治理力度不够，大部分畜禽养殖场污染防治设施简陋，环保人员短缺。同时，有限资金的使用结构有待优化，现有资金多用于末端治理设施建设的直接投入，而优化产业结构、调整产业布局方面的资金投入相对不足，缺乏信贷、补贴、税收等激励性引导资金和优惠政策，大多数企业和农户的治理积极性没有得到有效调动，自发投入污染防治的资金缺口较大。

③ 重视程度

我国畜禽养殖业主在生产过程中较注重经济效益，有的养殖业主根本没有认识到畜禽养殖环境污染严重性。尽管有的养殖业主认识到污染问题的严重性，但是因畜禽养殖利润低、污染治理投资和运行费用高等实际难题而往往忽视了环境污染治理。甚至有的地方政府为了增加农民收入，在环境保护上采取了放任的态度。因此提高养殖业主的环境保护意识是畜禽养殖污染防治的重要基础。

我国多数规模化畜禽养殖场处于偏僻地区，周围住户少，所造成的环境污染对城镇居民影响不明显。况且养殖业主环保意识较低和饲养人员知识水平有限，畜禽养殖在我国广大农村具有悠久的历史和传统，农民对脏、乱、差的养殖环境已经习以为常。近年来随着国家对环境保护的大力宣传以及新农村建设的开展和农村居民知识水平的提高，畜禽养殖环境污染逐渐被社会各界关注和重视，公众环保意识得到提升，对养殖场环境污染的举报呈现上升趋势。

④ 部门分工

农村环境保护工作在宏观上还没有进入地方领导的视野，缺乏全局性、战略性、长期性和整体性的考虑。农村环保工作缺乏一个长效管理机制和监管体系，许多先进的环境技术和管理政策都没有发挥应有的效果。比如，农村沼气建设“重前期建设、轻后期管理”的问题，使得许多沼气池提前报废，没有充分地发挥粪污治理作用。具体到畜禽养殖业环境管理问题，我国目前畜禽养殖业生产由农业（畜牧）主管部门负责布局规划和日常管理工作。畜禽养殖业涉及品种、防疫、饲料、环境等多个环节，仅环境环节又包括舍内环境和外部环境，在生产管理中多注重舍内环境控制。由于缺乏环境保护专业知识，往往忽略了养殖业的外部环境污染问题。我国环境污染治理由环境保护主管部门负责，历年的工作重点是工业和城市环境污染监管和治理，对畜禽养殖业的环境监管在部分地区也只是涉及大型规模化养殖场，对于养殖量占绝大多数的中小规模和散养养殖场却未涉及。

⑤ 管理职能

管理职能虚化。畜禽养殖业发展一直是农业部门的政策目标，被作为农业经济结构调整的重要内容加以推进，但由于环境管理不是农业部门的核心职能，因此其政策中没有充分体现畜禽养殖污染防治的内容。且由于畜禽养殖是国计民生的重点内容之一，在有的地区还是支柱性产业和农民现金来源的重要途径，因此在畜禽养殖业的规划发展、环境保护监督管理上产生了矛盾，环境监督管理无法得到有效执行，进一步助长了畜禽养殖环境污染。环保部门则由于工作重点在城市和工业的环境管理方面，没有将畜禽养殖污染防治纳入水污染、大气污染、固体废弃物污染防治的重点内容中。当然，这还涉及环卫部门，环卫部门负责管理和清理粪便，但一般只负责城市化地区。因此，在畜禽养殖业环境管理中，存在明显的职能虚化问题，畜禽养殖业环境管理基本上处于放任自流的状态。近年来，这种职能虚化的现象有所好转，至少在中央层面是这样。比如，农业部在制定政策时考虑到农业与环境一体化，推行畜牧业健康养殖行动和生态家园富民行动，而原国家环保总局也开始关注畜禽养殖污染防治，并加强了相关的立法工作。但是，在地方政府，尤其是市、县一级政府，畜禽养殖污染防治工作还是没有受到应有的重视，管理职能基本处于缺位状态。

例如，2001 年 3 月原国家环保总局颁布了《畜禽养殖污染防治管理办法》，其中第八条规定畜禽养殖场污染防治设施必须与主体工程同时设计、同时施工、同时使用，畜禽废渣综合利用措施必须在畜禽养殖场投入运营的同时予以落实。尽管该管理办法对规模化养殖场粪污治理工程必须“三同时”进行了规定，但是绝大多数畜禽养殖场并未严格执行该规定，养殖业主多采用对粪污水处理设施能不建就不建，能拖就拖的态度，“三同时”规定无法得到有效实施。

又如，科学的养殖规划是污染控制技术政策实施的前提，合理的养殖布局不仅可以降低养殖的环境风险，提高污染的处理效率，而且可以将大量分散小型畜禽养殖场集中，整合资源和能力，形成合力，集中治污。然而，从目前我国的现状来看，一方面，养殖规划缺乏科学性，所划定的禁养区、限养区和养殖区缺乏科学依据，很难做到从源头控制污染；另一方面，养殖管理的职权分散在农业、卫生、环保等部门，职责分工也不明确，所指定的养殖规划实施主体不明确，难以实施。因此，必须尽快出台养殖规划制定的技术规范，并在相关法律中明确规划的实施主体。

（2）畜禽养殖业相关技术法规和排放标准的编制状况

目前我国有关畜禽养殖污染物防治的法律法规，见表 4-17。

表 4-17　我国畜禽养殖业环境管理的相关政策法规

政策法规及颁布年份	相关条款及规定
《中华人民共和国水污染防治法》(2008)	国家支持畜禽养殖场、养殖小区建设畜禽粪便、废水的综合利用或者无害化处理设施 畜禽养殖场、养殖小区应当保证其畜禽粪便、废水的综合利用或者无害化处理设施正常运转，保证污水达标排放，防止污染水环境
《固体废物污染环境防治法》（2004）	从事畜禽规模养殖应按照国家有关规定收集、储存、利用或者处理养殖过程中产生的粪便，防止污染环境
《畜牧法》（2005）	畜禽养殖场、养殖小区应当保证畜禽粪便、废水及其他固体废弃物综合利用或者无害化处理设施的正常运转，保证污染物达标排放，防止污染环境 禁止在生活饮用水的水源保护区、风景名胜区，以及自然保护区的核心区和缓冲区；城镇居民区、文化教育科学研究区等人口集中区域；法律法规规定的其他禁养区域内建设畜禽养殖场、养殖小区 省级人民政府根据本行政区域畜牧业发展状况制定畜禽养殖场、养殖小区的规模标准和备案程序
《农业法》（2002）	从事畜禽规模养殖的单位和个人应对粪便、废水及废弃物进行无害化处理或者综合利用

① 法律法规

a. 立法规定比较多，但法律层次不够高。自 2001 年以来，我国在畜禽养殖污染防治立法上做了许多工作，在各个层次中都有相关条款规定。但总体来看，立法层次偏低，影响其执行时的法律效力。在法律层面，《畜牧法》主要定位于“产业法”，并不是环保领域的法律，而《环境保护法》却忽略了畜禽养殖污染；在行政法规层面，《饲料及饲料添加剂管理条例》主要是针对饲料及饲料添加剂的生产者、研制者和经营商，对作为使用者的养殖企业的法律约束很小；在部门规章层面，《畜禽养殖污染防治管理办法》的法律效力很低，畜禽养殖场自觉遵守的比较少。而且，《办法》规定违反相关规定的，环境保护行政主管部门只有责令停止违法行为，限期改正，并处以

1 000 元以上 3 万元以下罚款的权力，法律威慑力明显不足。地方监管不严，配套制度建设滞后，部分地方政府虽然制定了一些畜禽养殖污染防治地方性管理制度，但缺乏约束性和可操作性，对养殖企业和养殖户的引导不足。

b. 对畜禽养殖场污染比较重视，对养殖专业户污染关注不够。现有法律法规和规范性文件的适用对象主要是规模化畜禽养殖场和养殖小区，对养殖专业户和散养农户的管制比较少。目前，我国畜禽养殖业生产主体可以分为散养农户、饲养专业户和公司型养殖场。畜禽业规模化发展趋势表明，散养农户会越来越少，养殖专业户和公司型养殖场越来越多。而且，养殖专业户是我国畜禽养殖业的主要生产主体。因此，现有立法忽视对规模以下养殖专业户的管制，这种做法是不妥的。这些小型畜禽养殖户是一个较为特殊群体，非个体工商户，也不具有法人资格，是国家法规上的盲点或空白点。因此，必须尽快调整、修改、制定出台顺应社会发展实际需要的专项法规，并提高可操作性。另外，在立法时，“规模化养殖场”“集约化养殖场”“养殖小区”“养殖区”等概念存在混乱使用的情况，概念界定不清晰。

c. 限制性政策较多，经济激励性政策较少。分析表明，技术规范类和行政管制类政策比较多，而环境经济政策只有罚款、排污收费、污染者赔偿等。实际上，完全可以应用绿色补贴、税收、信贷支持、排污许可证交易等更多的环境经济激励手段来防治畜禽污染。虽然在《清洁生产促进法》中有资金扶持、税收优惠等鼓励政策，但该法定位于“促进法”，强制性不够，且主要是面向工业企业的，对畜禽养殖企业的照顾比较少。在处理产业发展和环境保护的矛盾时，并没有采取两者一体化政策，而是把减免排污费作为扶持家禽业发展的手段之一，还是囿于“环境换取增长”的传统思路。

d. 原则性规定比较多，可操作性规定较少。在制定政策及地方立法时，应根据本地畜禽养殖业发展情况、饲养规模、资源与环境容量，细化法律条款，量化各种指标。发达国家在这方面有很好的做法值得借鉴。比如，德国对每公顷土地上家畜的最大允许饲养量进行规定、法国对畜舍与住宅的最近距离进行规定等。关于养殖排污的规定，我国普遍采用污染物质排放浓度标准的规定方法，而外国通常是直接规定一定面积土地上的最大允许饲养量。前种方法的执法办法是在产生污染后进行事后检测和处罚，技术性强，农户不易掌握，执法成本高。后种方法在实践中农户容易理解，监测成本低，属于排污前的管理手段。因此，应更多地采纳一定土地上最大允许饲养量的表述方法。

② 排放标准

目前，我国有关畜禽养殖业的环保标准有《畜禽养殖业污染物排放标准》(GB 18596—2001)、《畜禽养殖业污染治理工程技术规范》（HJ 497—2009）、山东省《畜禽养殖业污染物排放标准》（DB 37/534—2005）、浙江省《畜禽养殖业污染物排放标准》（DB 33/593—2005）以及广东省《畜禽养殖业污染物排放标准》（DB 44/613—2009）。从近年发布的国家环保标准和地方环保标准中，都将定义的集约化养殖场/养殖区的规模降低，从而使更多的养殖场/养殖区纳入标准的适用范围中，以对其污染排放进行控制。例如，广东省和浙江省将规模化养殖场定义为≥200 头猪，广东省将规模化奶牛养殖场定义为≥20 头猪。

从排放限值来看，各省市都在 GB 18596—2001 的基础上不同程度地提高了污染物排放控制的要求。其中山东省地方标准则规定从 2010 年 5 月 1 日起执行第三时段的标准值，COD 要求达到 120 mg/L，氨氮要求达到 25 mg/L，其无疑对该省范围内的畜禽养殖业提出了更高的污染控制要求。另外，在排水量方面各地方也加强了要求。

《畜禽养殖业污染物排放标准》（GB 18596—2001）的实施，为控制畜禽养殖业的污染物排放起到了积极的作用，但随着我国环境问题的凸显，以及新的环境管理要求的提出，GB 18596—2001 存在以下一些问题。

a. GB 18596—2001 中的污染物排放控制水平有待提高。前已述及，畜禽养殖业特别是规模化畜禽养殖业是我国农村环境污染的主要来源之一。我国的畜禽养殖业如果按照表 4-18 的规模化率增长情况，预测到 2015 年我国畜禽养殖的规模化率将达到约 30%。因此，若按严格执行 GB 18596—2001 估算，则到 2015 年规模化畜禽养殖的氨氮和 COD 排放量将分别达到 43.77 万 t 和 218.87 万 t。

表 4-18 2005—2008 年我国主要畜禽养殖业规模化发展情况

种类	控制范围（以存栏计）	规模化率/%			
		2005 年	2006 年	2007 年	2008 年
生猪	≥500	10.43	11.48	14.73	18.90
奶牛	≥100	11.63	13.31	16.35	19.54
肉牛	≥200	7.20	6.88	8.23	10.70
蛋鸡	≥15 000	9.01	10.28	14.89	22.39
肉鸡	≥30 000	9.31	10.58	12.79	15.33

注：生猪年出栏数与存栏数之比按 2∶1 折算，肉鸡的年出栏数与存栏数之比按 3∶1 折算，肉牛的年出栏数与存栏数之比按 0.5∶1 折算。

根据国家环境保护“十二五”规划的基本思路，要求 2015 年 COD 和氨氮的排放量比“十一五”末需进一步降低，因此若继续执行 GB 18596—2001 标准则无法满足国家总量控制污染物的减排需求。

b. GB 18596—2001 中根据规模分级分阶段执行标准的要求不符合目前污染物排放标准的制定原则。GB 18596—2001 中根据畜禽养殖场和养殖区的不同规模划分Ⅰ级和Ⅱ级，并规定Ⅰ级养殖场和养殖区自标准实施之日起执行标准，而Ⅱ级养殖场和养殖区可在一定过渡区后执行标准，这实际上是对较小规模的养殖场和养殖区放宽了要求。按照《加强国家污染物排放标准制修订工作的指导意见》（原国家环保总局 2007 年第 17 号公告）的要求，排放标准应针对标准实施后设立的污染源和实施前已经存在的现有污染源的特点，分别提出排放控制要求。因此，GB 18596—2001 中根据规模分级分阶段执行标准的要求不符合目前污染物排放标准的制定原则，而应该根据现源和新源分别提出污染物排放控制要求。

c. GB 18596—2001 中污染物控制项目不全面。GB 18596—2001 中提出了包括 BOD、COD、SS、氨氮、总磷、粪大肠菌群数和蛔虫卵在内的共 7 项污染物项目。来源于饲料的重金属元素通过畜禽粪便排出，对环境水体和土壤都会产生不利的影响。此外，2007 年“第一次全国污染源普查”中对畜禽养殖业排放废水中的铜、锌等重金属元素进行了监测。因此，有必要在新的排放标准中增加铜、锌等重金属元素的排放限值。

d. 控制对象应按照相关法律法规的要求进行调整。原标准中除废水以外，还控制了畜禽养殖业产生的废渣和恶臭。按照《加强国家污染物排放标准制修订工作的指导意见》（原国家环保总局 2007 年第 17 号公告）的要求，排放水污染物、大气污染物和固体废物的污染控制要求分别适用不同的法律，原则上应分别制定排放标准。因此，畜禽养殖业所产生的恶臭应执行《恶臭污染物排放标准》（GB 14554—1993），而产生的废渣应执行相应的国家固体废物污染物控制标准。

鉴于以上原因，GB 18596—2001 已不能满足当前环境保护工作以及环保标准工作的最新要求，对畜禽养殖业水污染物排放标准进行修订显得十分必要。

（3）畜禽养殖发展规划中污染防治规划状况

目前，环保部正在组织相关技术力量编写《全国畜禽养殖污染防治规划》（2011—2015 年），规划思路中强调了统筹兼顾，突出重点的原则，开展重点治理区域和重点治理养殖单元的划分和污染防治技术提升工作。对于规模过小的养殖场和养殖户，由于缺乏开展工程治理的经济可行性，鼓励入园、入区；对于规模较大的养殖场和养殖户，鼓励进一步完善污染治理设施，加强环境监管；对于中等规模的养殖场和养殖户，是“十二五”期间的重点治理对象。同时，在“十二五”期间，将加强畜禽养殖环境管理的立法工作，推动《畜禽养殖污染防治条例》的尽快出台实施。

目前，北京市养殖场每年产生粪尿超过 800 万 t，产生污水超过 1 590 万 t。为加强对北京地区畜禽养殖业的环境管理，2007 年北京市出台的《北京市农业产业布局指导意见》按空间布局将北京市畜禽养殖分为禁止养殖区、限制养殖区、循环发展养殖区和辐射养殖区；在循环发展养殖区合理确定养殖品种和规模，保护地表、地下水资源。与此同时，对重点畜禽品种进行了生产布局，分别划分了奶牛、肉牛、生猪及羊的重点发展区，使养殖生产相对集中。在北京市出台的《生态建设规划》中提出到“十一五”末郊区农业污染综合治理率达到 80%；农业废弃物资源化综合利用率达到 90%；大型养殖场粪便污染综合治理率达到 80%以上。在 2008 年北京市出台的《北京市畜禽养殖场污染治理规划》中提出新建规模养殖场、养殖小区、加工企业必须达到环保设施与生产设施同时设计、同时施工、同时使用。现有养殖场工艺不合理的要逐步改造，取缔水冲式清粪，改为人工清粪、沉淀池沉淀、生物处理等多种方式，实现达标排放。

浙江省按照“农牧结合、综合利用”的总体思路，以禁限养区、规模化畜禽养殖场整治和生态畜牧小区建设为重点，开展畜禽养殖业污染整治，着力推进生态畜牧业发展。经过一系列政策措施的调控和管理，浙江省畜禽养殖业的规模化率显著提高，与 2000 年相比，生猪、蛋禽、肉禽、奶牛的规模化率分别提高了 31.55 个、48 个、27.45 个和 26.93 个百分点，同时，规模化养殖场的产量比例也大幅度提高。

从全国各地对畜禽养殖业的环境管理政策可以看出，除采用末端污染控制的方式外，基于畜禽养殖业的现状，各地还采用了禁养、限养，小规模畜禽养殖户入区、入园等管理政策和措施，有效地促进了畜禽养殖业的污染治理。

（4）畜禽养殖污染防治设施建设与运行状况

① 污染防治现状

畜禽养殖生产排放的污染物与各养殖单元的养殖方式、养殖规模以及其生产工艺、资源化利用技术、污染治理技术条件等均有很大关系，这些差别集中体现在养殖经营模式上。

a. 规模化畜禽养殖场。清粪工艺：目前我国规模化养殖场采用的清粪工艺主要有水冲粪、水泡粪和干清粪 3 种形式。水冲粪和水泡粪都是耗水量大的工艺，排出的污水和粪尿混合在一起，粪便中的大部分可溶性有机物进入到废水中，给废水处理带来很大困难。

相对而言，干清粪是比较理想的清粪工艺。而我国大部分地区粪便收集方式仍以水冲粪为主，干清粪方式普及率不高。

粪便处理：目前我国规模化养殖场采用的资源化方式主要有：利用厌氧反应池产生沼气、沼液、沼渣综合利用；对粪便进行堆肥处理，生产有机肥。两种方式在我国农村得到了很好的推广，但某些地区由于养殖场周围没有足够的土地来消耗沼液、沼渣、有机肥或沼气得不到充分的使用，造成资源得不到充分的使用，直接排放到环境中，形成二次污染。

废水处理：我国畜禽养殖场对污染治理方面重视不够，很多养殖场将产生的废水、废物直接排放到环境中，造成了对环境的面源污染。目前，我国正在加强对这方面的管理，“厌氧、兼氧两段生物处理”、“升流式厌氧污泥床”等技术普及使用可以很好地解决养殖场废物污染问题。

b. 畜禽养殖小区。我国养殖小区推行的时间还不长，现有畜禽养殖小区还存在很多问题，尤其是很多养殖小区管理混乱，养殖户都是“以场为家”，生活区与生产区紧密相连，这为疫情传播创造了机会和可能。从污染防治技术角度说，养殖小区明显落后于规模化养殖场，很多小区中还沿用传统分散养殖技术，清粪方式大多没有集中清理设备；从资源化角度说，虽然绝大多数小区都建有集中厌氧沼气池，但沼渣、沼液利用率不高，直接堆放到环境中造成二次污染的现象十分普遍；污染防治设备严重缺乏，没有对养殖废水、废物进行有效的处理利用。

c. 分散型畜禽养殖户。基于我国农村畜禽养殖的基本国情，分散型养殖模式仍会长期存在，并在畜禽养殖业中占相当比重。在国家对畜禽养殖粪便无害化处理技术的大力扶持推动下，小型沼气设备进入了很多农户的家中，这为解决农村能源、畜禽粪便资源化发挥了积极作用。但由于单户使用，沼气设备小（多为 8～12 m^3 沼气罐），很难满足养殖粪便处理需求。在堆肥利用方面，由于鸡粪有机质含量高，生成有机肥有较高的利用价值，所以鸡粪多能被企业集中收购利用。而其他农家肥施肥效率远低于化肥，农户自家堆肥，自己使用热情不高。对于未利用的沼液、沼渣、畜禽粪便大多随意堆放造成面源污染。

② 关于污染物收集与清洁生产模式

《政策》中的 2.1 明确了我国畜禽养殖业的环境方针——发展循环经济和清洁生产，实行节能减排。《政策》中的 2.2 和 2.3 提出了逐步发展干清粪的清洁生产方式，为后续的畜禽养殖废水的减少和高效、低成本的处理以及畜禽粪便的利用创造有利条件。2.4 提出了在畜禽养殖圈舍投加垫料，垫料可以吸收畜禽尿液和粪污，粪便与垫料的混合物，也有利于好氧堆肥运行和废弃物的无害化处理。2.5 推荐了一项先进技术——生物发酵舍畜禽养殖零排放技术。该项技术将益生菌拌入垫料和饲料，将垫料层作为一个生物处理反应床，随时将畜禽粪便尿液进行无害化处理，定期清理和更换垫料层，废弃物进行好氧堆肥。养殖过程中，不清粪、没有臭味，不冲洗圈舍、不排放污水。最重要的是，使用该技术的畜禽养殖年末存栏数已达到 2 000 万头，生物垫料的销售量已经达到 2 000 万 m^3。因此，这是一项值得大力推广的生态养殖技术。

③ 关于畜禽养殖废弃物无害化处理与利用技术

畜禽养殖废弃物是畜禽养殖的主要污染，2008 年，我国的畜禽粪便排放量高达 27 亿 t，对我国的环境安全造成了巨大的威胁。由于畜禽粪便具有较高的营养成分，是一种非常值得利用的氮磷资源——有机肥。因此，畜禽养殖废弃物的污染治理技术路线定位在“无害化处理与有机肥利用并重”。但是，由于我国的畜禽养殖业发展落后，大多数的畜禽养殖场不具备规范化进行畜禽废弃物无害化处理的能力，有机肥的利用尚停留在生产土肥的落后状态，多数沼气池和厌氧发酵处理装置，产生的沼气、沼渣和沼液不能得到有效利用，反而形成较为严重的潜在的二次环境污染。针对我国畜禽养殖污染防治的发展现状，必须采取多种不同的方式和相应的技术，去应对各种不同的畜禽养殖的污染防治，力求在不同的基础上尽量实现污染防治目标。因此，《政策》中的 3.1 强调了这一观点，明确了应择优选择效率高、成本低的无害化处理技术。

本技术政策针对一些不具规模的畜禽养殖场畜禽养殖废弃物无害化处理能力，更不具备生产高品质商品有机肥的情况，提出了“鼓励发展大规模、专业化、集中式畜禽养殖废弃物处理工厂（商品有机肥制造厂）”的观点。《政策》中的 3.2 和 3.3 体现了这一内容。建立集中式畜禽废弃物处理场，接受畜禽养殖场的畜禽废弃物的委托处理，先进的生产技术和现代化的生产手段，为无害化地处理畜禽废弃物提供了保障；采取“高温好氧堆肥工艺”，集中式处理场为规模化地制造高品质的有机复合肥和肥料的市场销售提供了可能；采取“厌氧发酵——固形物好氧堆肥工艺”，可以规模化地将处理畜禽废弃物产生的沼气、沼渣、沼液有效利用。《政策》在 3.3 至 3.8 中对此作出了规定。

与大型专业化、集中式畜禽养殖废弃物处理工厂相比，一般的规模化畜禽养殖场不具备与之相同的能力和手段，处理畜禽废弃物制取的土肥只能就近还田利用，产生的沼气、沼液、沼渣难以完全有效利用。针对一般畜禽养殖场的生产情况和污染治理情况，本技术政策确定此类畜禽养殖场的畜禽废弃物处理技术路线应紧密结合还田利用，其周边应有足够的可消纳肥料和沼气、沼液、沼渣的农田。《政策》在 3.9 至 3.10 中对此作出了规定。

《政策》在 3.11 至 3.13 中对畜禽散养户和畜禽散养密集区的畜禽废弃物的处理作出了规定，对处理畜禽废弃物使用的技术和利用方式提出了适当的要求。畜禽散养户和畜禽散养密集区的畜禽废弃物的无害化处置技术，考虑我国农村实际情况，技术政策基本确定了生态养殖与简易处理的技术使用原则，规定了厌氧消化、传统堆沤、传统自然堆积发酵等适合农村使用的无害化处理技术。

④ 关于畜禽养殖污水处理技术

畜禽养殖技术政策对畜禽养殖场的排水体制进行了明确规定，《政策》中的 4.1 规定了实行场区的雨污分流制，以防止雨水的混入引发周边环境污染。在《政策》中的 4.2 规定了水污染控制的环境要求；4.3 规定了需要重点控制的污染因子；4.4 提出了畜禽养殖污水应实行“就地、分质”处理的技术路线：所谓就地，是希望养殖污水在场内范围内实行处理，以防止长距离管线修建和疫病的传播；所谓分质，是要求应根据污水的水质，采取不同的污水处理工艺技术。此外，技术政策从发展循环经济角度，将污水的回用要求提出于4.8中。

畜禽养殖污水主要来自畜禽养殖圈舍的冲洗水和冲粪水。畜禽养殖污水如果混入大量畜禽粪便，将使污水的有机污染负荷和有机氮负荷过高，使处理难度、处理流程、处理设施的建设投资和运行费用成倍增加，且较难做到达标排放。如果畜禽养殖贯彻干式清粪，或污水采取固液分离的预处理，污水中的COD 负荷、BOD 负荷和有机氮负荷将大为降低，废水由于可生化性良好，污水的处理难度大大降低，则达标的把握性增强，经济性能上升。

对于畜禽养殖污水的处理，目标污染物是碳源有机物和氮源有机物，还有磷。基本的技术路线应该是：厌氧发酵—好氧/沉淀—杀菌消毒。其中，好氧沉淀的处理，应该是具有较强脱氮除磷功能的"厌氧/缺氧/好氧"污水处理工艺。此类工艺，我国已经拥有许多实用技术，也积累了大量工程经验。《政策》中的4.5、4.6 和4.7 等条款，对畜禽养殖场、畜禽养殖小区的污水处理技术选用进行了原则性的规定。对畜禽散养户和畜禽散养密集区的畜禽养殖污水的处理，技术政策另作出了规定，推荐了适合农村畜禽散养小股污水的污染治理技术路线为厌氧消化、稳定塘、土地渗滤处理、人工湿地处理等工艺选择。

（5）畜禽养殖污染防治技术的研发状况

"生物发酵舍零排放养猪技术"新技术正在我国部分省市循序渐进推广。在《2009年国家鼓励发展的环境保护技术目录》中"生物发酵舍零排放养猪技术"作为国家鼓励发展的环境保护技术，经工程实践证明成熟可行。该技术是将锯末、谷壳、米糠和微生物菌种混合成垫料，进行水分调节混合搅拌和堆积发酵后，作为垫料铺在猪舍内，降解、消化生猪排出的粪、尿，3 年后即可达到《有机-无机复混肥料》（GB 18877—2002）要求，作为生物有机肥料出售。与传统养猪技术相比，无须设置清粪和粪尿处理措施，节约用水约80%，猪场场界无恶臭，猪肉可达《无公害食品猪肉》（NY 5029—2001）的要求。

4.3.6.4　评估结论，提出建议

表 4-19　政策机制及考量要求

政策机制理论分析	政策背景与政策机制的前提假设	考量要求	现象观察
指导畜禽养殖业环境保护监督管理	管理部门重视对畜禽养殖污染的监督； 畜禽污染防治中的监督管理缺乏可行有效的技术办法； 《畜禽养殖污染防治技术政策》可以提供有效的监督技术指标	畜禽养殖污染防治的人力、物力、财力投入情况	重视不够，分工不明，职能虚化，投入少
		畜禽养殖污染的监察情况	主要重视规模化养殖场的监督管理
		《畜禽养殖污染防治技术政策》管理技术的可操作性	可观察，易监督
指导相关技术法规和排放标准的编制	《畜禽养殖污染防治技术政策》指导《技术指南》和《技术规范》的编制； 《畜禽养殖污染防治技术政策》指导《畜禽养殖污染排放标准》的编制或更新	《畜禽养殖污染防治技术可行技术指南》与《畜禽养殖污染防治技术政策》的协调性	最近发布，较难协调
		《畜禽养殖污染防治技术政策》与《畜禽养殖污染排放标准》的协调性	行业标准要求较低，有待提高
指导畜禽养殖发展规划	污染防治纳入了畜禽养殖发展规划； 畜禽养殖发展规划中遵循《畜禽养殖污染防治技术政策》的要求进行畜禽养殖业规模、结构、布局、设施、技术和管理方案的规划	国家畜禽养殖污染防治规划与《畜禽养殖污染防治技术政策》的协调性	政策发布在后，尚未起到指导作用
		地方畜禽养殖污染防治规划与《畜禽养殖污染防治技术政策》的协调性	地方畜牧业或环境规划中对畜牧重视不够
指导畜禽养殖建设项目环境影响评价	畜禽养殖建设项目建设前进行了环境影响评价； 环评编制中遵循《畜禽养殖污染防治技术政策》设计替代方案； 推荐的替代方案具有较好的成本有效性； 环评方案的实施能得到有效的监督	畜禽养殖业“环评”制度执行率	执行率较低
		环评编制中替代方案的设计遵循《畜禽养殖污染防治技术政策》的概率	期望值较高
		环评编制中对替代方案进行成本效益分析的概率	类比其他行业，很少且流于形式
		利益相关者参加环评的比例	类比其他行业，很少且流于形式

政策机制理论分析	政策背景与政策机制的前提假设	考量要求	现象观察
指导畜禽养殖污染防治设施建设与运行	畜禽养殖场建设项目建设了污染防治设施； 畜禽养殖场的污染防治设施的设计遵循《畜禽养殖污染防治技术政策》的要求； 畜禽养殖场的污染防治设施得到有效运行	畜禽养殖建设项目“三同时”制度执行率	规模化养殖场相对较高，养殖小区基本没有
		《畜禽养殖污染防治技术政策》推荐的技术在实践中的应用情况	应用情况较好
		养殖者对《畜禽养殖污染防治技术政策》的了解程度	期望值较低
指导畜禽养殖污染防治技术的研发	遵循《畜禽养殖污染防治技术政策》开展的研发能得到国家和地方的科研立项； 遵循《畜禽养殖污染防治技术政策》反映了畜禽养殖者对污染防治技术的需求	当前畜禽养殖污染防治技术重大科研立项与《畜禽养殖污染防治技术政策》的协调性	较协调
		当前畜禽养殖污染防治的主要应用技术与《畜禽养殖污染防治技术政策》的一致性	较协调

4.3.6.5 小结

《畜禽养殖污染防治技术政策》政策机制能起到较好的指导作用，其技术路线、技术方案、管理技术等与当前畜禽养殖业污染防治的发展状况协调性较好，容易得到执行。

《畜禽养殖污染防治技术政策》政策背景的支撑力度较差，行业盈利能力低，治理能力有限，相关环境管理制度执行率较低，限制了政策效果的实现。

第 5 章　农村水污染控制技术目录研究

5.1　农村生活污水处理技术目录

5.1.1　筛选依据

通过实地调查、文献调研和资料收集，主要依据这些标准筛选农村生活污水处理技术目录：① 符合国家“三农”政策、技术政策。② 工艺成熟、技术先进、经济合理。③ 已有 2 个以上应用实例，并有 1 年以上的连续正常运行时间。④ 技术适应性强，覆盖面广，可广泛推广应用。⑤ 对防治农村水污染、改善水环境质量和保护农村生态环境具有重要作用。

5.1.2　工艺类型

（1）以去除有机污染物为主要目的的污水处理技术

① 散户污水处理工艺

化粪池和沼气池处理工艺。适用于农村生活污水的预处理，对粪便或沼气能有利用需求的农户。该模式在我国农村厕所改造过程中使用较多，经过化粪池或沼气池处理后的污水可以农用。化粪池或沼气池出水中污染物浓度高，因此不宜直接排入村落周边水系。采用本模式处理污水时，应防止雨水进入化粪池或沼气池造成池体内的污水溢出。

厌氧-生态组合工艺。适用于年平均温度高于 10℃，有可供利用土地的农户。经过化粪池或沼气池处理过的生活污水，如果不被农用或农用量较少时，必然有污水外排，宜在化粪池后接生态净水单元。由于化粪池或沼气池出水浓度较高，宜在生态单元前增设厌氧生物处理单元，如厌氧生物膜池，以降低生态处理单元的负荷；生态处理单元技术宜采用人工湿地、生态滤池或土地渗滤等。

生物处理工艺。适用于没有可利用土地或可用土地极少的散户且对排水水质要求较高的地区。运行中需要能耗，要求农户有一定经济承受能力。针对没有可利用土地的散户或对排水水质要求较高的地区，可采用生物处理单元处理污水。生物处理单元可采用生物接触氧化池设备。在丘陵或山地，宜利用地形高差，采用跌水曝气，节省部分运行能耗。其中，生物接触氧化技术可以与分段进水技术结合，强化脱氮效果，处理后的污水可直接排放或做进一步生态处理后排放。该工艺的特点是处理效果好，占地面积小，但需要定期维护管理。

② 村落污水处理工艺

以生物处理技术为主的处理工艺。该工艺投资少，占地面积小，处理效果好，缺点是需专门人员维护。可采用设备或工程。生物处理单元技术应采用好氧技术，如生物接触氧化池、氧化沟等。在处理规模较小（低于 200 m^3/d），宜采用生物接触氧化法；处理规模大于 200 m^3/d 时，宜采用生物接触氧化池和氧化沟。为保证处理效果，应好氧处理，好氧池溶解氧宜保持在 2.0 mg/L 以上。

以生态技术为主的处理工艺。该工艺投资少、维护简单，缺点是占地面积大。调节池可与厌氧生物膜单元合建。生态处理单元技术宜采用人工湿地、生态滤池、土地渗滤或其他技术。

（2）以去除氮、磷为主要目的的污水处理设施或污水站

适用范围：饮用水水源地保护区、风景或人文旅游区、自然保护区、重点流域等环境敏感区，污水处理不仅需要去除 COD 和悬浮物，还需要对氮、磷等营养元素进行控制，防止区域内水体富营养化，出水直接排放到附近水体或回用。主要在处理村落污水时采用。

以去除 COD、TN 和 TP 为目的的地区，污水处理工艺可以采用生物与生态技术相结合的组合工艺。生物处理单元中的缺氧/厌氧处

理单元宜采用厌氧生物膜单元；好氧生物处理单元宜采用生物接触氧化池、氧化沟或其他技术。在处理规模低于 100 m^3/d 时，宜采用生物接触氧化法；处理规模大于 100 m^3/d 时，宜采用生物接触氧化池和氧化沟。生态处理单元宜采用人工湿地、生态滤池和土地渗滤等，以除磷和优化水质为主。调节池可与厌氧生物膜单元合建。

5.1.3　技术目录

农村生活污水处理工艺可包括预处理单元、生物处理单元和生态处理单元中的一个或多个，依据处理单元的组合方式，可分为生物处理技术、生态处理技术和生物-生态处理技术等三大主要类型，具体单元工艺的选择方面，污水预处理技术一般采用化粪池、厌氧生物膜池和沼气池等；二级生物处理一般采用生物接触氧化池、生物滤池、SBR、A/O、氧化沟等；生态净水技术一般采用稳定塘、人工湿地、生态滤池和土地渗滤等。

依据处理单元的组合方式，并遵循前文提出的筛选依据，本课题建立了农村生活污水处理技术推荐目录见本书附录。

5.1.4　技术优选

与传统城市污水处理系统相比，农村生活污水在进水水质、变化规律及处理设施的规模、工艺及运行管理力量等方面都存在极大不同（谭学军，等，2011），因此，农村生活污水处理不能盲目套用城市生活污水处理模式。针对农村生活污水产生与排放特征，国内外学者对农村生活污水处理工艺与技术模式进行了深入研究（齐瑶，等，2008；郭迎庆，等，2009；Sabry et al.，2010）。为引导和规范农村生活污水处理技术的研发、示范与推广，我国相继发布了《农村生活污染防治技术政策》（环境保护部，2010）和《全国六大生态区的农村生活污水处理技术指南》（住房和城乡建设部，2010）。这些研究与实践为我国农村生活污水处理提供了重要的技术支撑，指出了农村生活污水处理技术选择的原则，为农村生活污水处理技术工艺的选择提供了重要的指导作用。但在实际应用中，对于基于同类工艺的不同处理技术的优选，尚需进行深入的定量评价，因此，有学者尝试对典型农村生活污水处理技术的技术经济性和成本有效性进行评估（申颖莉，等，2009；郝前进，等，2010）。

然而，农村地区自然地理条件、资源环境特征及社会经济状况的空间差异性，决定了农村生活污水处理技术的应用推广必须因地制宜、分类指导。农村生活污水处理技术工艺的优选，不仅应考虑农村生活污水处理技术自身的技术经济特征，还要充分考虑其对于农村生活污水处理技术对于特定地区的适宜性及利益相关者的技术需求特征，即必须充分考虑农村生活污水处理技术性能特征与技术应用地区的技术需求特征之间的匹配性。目前，农村生活污水处理技术推广中，一般通过专家评价法来筛选备选方案，然后进一步论证从而选择最终的技术方案。然而，具体农村地区对农村生活污水处理的需求都具有多目标的特征，且不同目标之间往往存在一定程度的冲突，即很难有一个技术方案的各项指标都优于其他技术方案。因此，对备选方案的优选需要有一个定量的综合评价方法辅助决策，以提高优选过程的透明性及降低主观性。

基于此，本研究将在建立农村生活污水处理技术评价指标体系的基础上，结合优劣系数法和模糊评价法的优点，对农村生活污水处理技术的性能和应用地区对农村生活污水处理技术的需求进行模糊赋值，基于技术方案的性能水平与应用地区的技术需求的匹配程度，构造各备选方案的模糊优劣评判矩阵，计算各备选方案之间的优劣关系并进行优劣排序，获得最佳方案。旨在为农村地区优选先进适宜的生活污水处理技术提供决策分析工具。

（1）农村生活污水处理技术的评价指标体系

农村生活污水处理工程设施的建设与运行受到自然地理条件和社会经济特征的双重影响，因此，在农村生活污水处理技术的示范与推广过程中，技术方案的选择不仅要考虑其先进性，还要考虑其对特定地区的适宜性，即综合考虑农村生活污水处理技术的先进性、经济性和可行性。

技术的先进性需重点考虑农村生活污水处理技术的有机物去除

率和脱氮除磷效果，本书采用 COD 去除率（R_{COD}）、氨氮去除率（R_{NH_4}）和总磷去除率（R_{TP}）3 个指标来反映。

技术的经济性考察农村生活污水处理技术的基建成本（C_{cons}）、运行成本（C_{ope}）、占地面积（A_{land}）和经济收益（B_{ec}）。基建成本包括污水收集设施和处理设施的建设费用，以日处理 1 t 水的基建成本来表示；运行成本以日处理 1 t 水的运行成本来表示；占地面积以能够日处理 1 t 水能力设施的占用土地面积来表示；经济收益以农村生活污水处理设施的附加收益来表示。

技术的适宜性考察农村生活污水处理技术的技术稳定度（D_{st}）、管理方便度（D_{ma}）和生态协调度（D_{ec}）。技术稳定度主要反映技术的成熟度、适应气候变化的能力及耐冲击负荷能力等，可通过考察该项技术在实际工程应用中主要污染物去除效果的变化程度来表征；管理方便度主要反映技术运行维护的难易程度，可通过考察该项技术能否由农村居民自行运行管护及对维护者专业技术水平的需求程度等信息来评估；生态协调度主要反映该技术与村庄自然地理、资源环境条件的协调性，可通过综合考察该技术是否充分利用了当地的地形地貌、土壤、水文特征等自然条件的优势来降低农村生活污水处理的成本或提高处理效果等方面的信息来评估。

基于以上分析，并依据环境保护部发布的农村生活污染控制技术政策，结合我国农村地区的实际状况，参考相关文献和专家意见，对农村生活污水处理技术指标进行细化和筛选，建立了农村生活污水处理技术三级评价指标体系（表 5-1），其中，技术有效性指标和基建成本、运行成本两个技术经济指标可定量赋值；经济收益、占地面积两个技术经济性指标由于缺乏经验数据，技术适宜性 3 个指标难以量化，因此，本研究采用定性赋值方法给定评判标准。在综合国内外农村生活污水处理技术性能发展现状的基础上，建立了各指标的评价标准。

表 5-1 农村生活污水处理技术评价标准

等级	R_{COD}	R_{NH_4}	R_{TP}	C_{cons}/（元/t）	C_{ope}/（元/t）
Ⅰ（差）	＜60%	＜40%	＜40%	≥5 000	≥0.4
Ⅱ（较差）	60%～70%	40%～60%	40%～60%	4 000～5 000	0.3～0.4
Ⅲ（中等）	70%～80%	60%～70%	60%～70%	3 000～4 000	0.3～0.4
Ⅳ（较好）	80%～90%	70%～90%	70%～90%	2 000～3 000	0.1～0.3
Ⅴ（好）	≥90%	≥90%	≥90%	≤2 000	＜0.1
等级	A_{land}	B_{ec}	D_{st}	D_{ma}	D_{ec}
Ⅰ（差）	无	大	低	难	低
Ⅱ（较差）	低	较大	较低	较难	较低
Ⅲ（中等）	较低	中等	中等	中等	中等
Ⅳ（较好）	较高	较低	较高	较容易	较高
Ⅴ（好）	高	低	高	容易	高

（2）农村生活污水处理技术的模糊优劣评价法

优劣系数法是一种重要的定量决策方法，它的基本思路是对于任意两个备选方案，分别计算它们之间的优系数和劣系数，并引进一对控制参数，通过对优、劣系数与控制参数的比较和判断来确定方案的优劣，这样逐步淘汰劣方案，最后剩下一个或几个满意方案（林齐宁，2002）。该种方法的优点是能从优、劣两个角度保证所选方案的优越性，有着广泛的应用基础；缺点是计算量大，其全过程还涉及标准的确定、优系数矩阵、劣系数矩阵的求得及各种阈值、各种系数的确定（朱方霞，等，2010）。

农村生活污水处理技术优选的实践性很强，评价指标之间可能存在交叉影响，同时农村生活污水处理技术的需求特征也具有一定的模糊性。因此，采用传统的优劣系数法确定一些纯理论的系数或公式时必然存在着较大误差。本书采用基于模糊隶属度的专家打分法，利用专家经验评判农村生活污水处理技术的技术性能和研究地区对农村生活污水处理技术性能的需求情况，基于技术性能水平与技术需求的匹配程度计算各种方案之间的优劣关系，据此优选出特定地区农村生活污水处理技术的方案，从而避开了优劣系数法中标准的确定、优系数矩阵、劣系数矩阵的求得及各种阈值、各种系数的确定，有助于简化过程、减小误差。下面对农村生活污水处理技术的模糊优劣评判内容与过程进行简要介绍。

① 备选方案的初步筛选

根据目前国内外农村生活污水处理技术研究和应用现状以及国家和地方环境保护或住建部门发布的农村生活污水处理技术指南，分析各种技术的性能指标及其适用条件，采取逐步排除的定性分析法，选取适合具体农村的工艺作为备选方案集。

考虑到农村居住的分散性和村落居住的相对集中性，我国学者将农村生活污水处理对象划分为五大单元：单户处理单元、联户处理单元、村落处理单元、联村处理单元和并网处理单元（王仰斌，等，2010）。结合农村生活污水处理技术的适宜性和经济性，国内外学者研发和总结了许多基于“厌氧＋生态”工艺、“好氧＋生态”工艺、“厌氧＋好氧”工艺以及“厌氧＋好氧＋生态”工艺的农村生活污水处理技术（Kimberley et al.，2003；Kadam et al.，2009；申颖洁，等，2008；卢璟莉，等，2009；蒋克彬，等，2009）。

总体上，近城镇地区有条件地区尽量纳入市政管网集中处理，远城镇地区采用散户或村落式分散处理设施。平原地区、住宅集中分布地区应以村落型（单村或联村）处理设施为主，丘陵山区、住宅分散分布地区应以散户型（单户或联户）设施为主。环境敏感区应以有机污染物去除和脱氮除磷并重，经济发达地区可采用生物处理工艺或“生物-生态”综合处理工艺，欠发达地区可考虑采用“厌氧-生态-还田”工艺；非环境敏感区可以去除有机污染物为主，采用自然处理模式或“厌氧-生态”处理工艺。庭院养殖、人畜混居的农户应采用“能源生态”模式。

② 备选方案的技术性能判断

备选方案的技术性能采用备选方案的技术指标对农村生活污水处理技术评价指标不同等级的满足程度来表示。假设有 m 个备选的农村生活污水处理技术（a_1，a_2，…，a_m），农村生活污水处理技术

的评价指标共有 n 个（b_1，b_2，…，b_n），每个指标有 l 个等级（c_1，c_2，…，c_l）。用 x_{ijk} 来表示第 i 个备选技术对第 j 个指标第 k 个等级的满足程度，本书采用 1～5 的标度方法，最高分为 5，表示第 i 个备选技术完全满足第 j 个指标第 k 个等级的标准；最低分为 0，表示第 i 个备选技术完全不能满足第 j 个指标第 k 个等级的标准。

③ 研究地区的技术需求判断

特定地区对农村生活污水处理技术的需求采用农村生活污水处理技术评价指标不同等级对备选地区的满足程度来表示。用 u_{jk} 表示农村生活污水处理技术评价指标体系中，第 j 个指标第 k 个等级对备选地区的满足程度，本书采用 1～5 的标度方法，最高分为 5，表示第 j 个指标第 k 个等级的技术性能完全满足研究区的需求，最低分为 0，表示第 j 个指标第 k 个等级完全不能满足研究区的需求。

④ 备选方案的优劣关系判断矩阵构造

依据备选技术的性能及其对研究区的适宜程度，构造确定备选方案优劣关系矩阵 $\boldsymbol{L}$ 来表示 m 个方案之间的优劣关系：

$$\boldsymbol{L}=\begin{bmatrix} L_{11} & L_{12} & L_{13} & \dots & L_{1n} \\ L_{21} & L_{22} & L_{23} & \dots & L_{2n} \\ L_{31} & L_{32} & L_{33} & \dots & L_{3n} \\ \dots & \dots & \dots & \dots & \dots \\ L_{m1} & L_{m2} & L_{m3} & \dots & L_{mn} \end{bmatrix} \tag{5-1}$$

若 $L_{ij}>L_{hj}$，表明对于 j 指标，方案 a_i 优于方案 a_h，即方案 i 更受研究区决策者青睐；若 $L_{ij}=L_{hj}$，表明对于 j 指标，方案 a_i 等同于方案 a_h，即方案 i 与方案 h 同样受决策者看好。

矩阵中 L_{ij} 计算公式如下：

$$L_{ij}=\sum_{k=1}^{5}\dot{u}_{jk}x_{ijk} \tag{5-2}$$

式中：$\dot{u}_{jk}$ 为 u_{jk} 的归一化值，计算方法如下：

$$\dot{u}_{jk}=\frac{u_{jk}}{\sum_{k=1}^{5}u_{jk}} \tag{5-3}$$

⑤ 备选方案综合优劣系数的确定

$$L_i=\sum_{j=1}^{n}w_jL_{ij} \tag{5-4}$$

式中：w_j —— 第 j 个评价指标的权重，可采用层次分析法中的两两比较方法来确定；

L_i —— 第 i 种方案的综合优劣系数，根据 L_i 进行方案的总排序可得到最佳方案。

（3）实例研究

① 典型研究区概况

本研究选择常州市武进区洛阳镇友谊村为典型研究区，该村地处长三角下游河网地区，地势平坦，气候湿润温和，属北亚热带季风气候区，距离城镇较远，土地资源相对丰富。现有居民 440 人（含外来人口），居住较为集中，全村每天约排放生活污水 62.4 m^3，生活污水中 COD、氨氮、总磷含量分别约为 400 mg/L、30 mg/L 和 4 mg/L。每家都已建成三格式化粪池或沼气净化池对生活污水做初步处理，处理后的水通过简易地沟汇入村东、村南和村北的池塘里。

② 备选方案的筛选

研究区村落地处太湖流域，属于环境敏感区，对出水质量要求较高，因此，要求农村生活污水处理技术方案要同时兼顾去除有机物和脱氮除磷效果。由于当地经济发展水平一般，居住比较集中，河网密布，应充分利用当地自然生态条件，以降低建设成本和运行成本，可以采用联户式或村落式处理系统和生物-生态处理工艺；基于以上分析，参考《东南地区农村生活污水处理技术指南（试行）》和《江苏省农村生活污水处理技术和工程实例》及苏南地区农村生活污水处理技术研究报道（吴磊，等，2007；郭迎庆，等，2009；张文艺，等，2010），提供以下 4 个备选方案。

A 方案：厌氧滤池-氧化塘-植物生态渠处理系统。联户式处理系统，该工艺采用生物、生态结合技术，因势而建，无动力消耗。厌氧滤池可利用现有净化沼气池改建，氧化塘、生态渠利用河塘、沟渠改建。生态渠通过种植经济类的水生植物（如水芹、空心菜等），可产生一定的经济效益。

B 方案：塔式蚯蚓生态滤池-人工湿地处理系统。村落式处理系统，污水经管网汇集后进入厌氧消解池，较大的固体杂物经格栅滤除后进入集水池，污水通过污水泵提升至塔式蚯蚓生态滤池。蚯蚓生态滤池的出水进入人工湿地系统，进行二次处理。

C 方案：地下土壤渗滤处理系统。村落式处理系统，污水先经化粪池或其他预处理构筑物去除大型悬浮物，然后通过布水管和毛细材料的虹吸作用，将污水均匀分布于根据现场土质人工配制的通水透气性能良好的人工土壤中，在此过程中，部分污染物由于在毛细作用下上升速度不同也与水分离。

D 方案：植物浮岛湿地处理系统。利用村东、村南和村北的天然池塘，建立植物浮岛生态系统，植物可采用女贞、小叶女贞、红冬青和蕙兰等，同时进行间歇曝气以加速水体复氧过程，恢复和增强水体中好氧微生物的活力，可显著提高对有机物和氨氮的处理效果（张文艺，等，2010）。

③ 备选方案的技术指标

根据备选方案的技术性能特征，评判 4 个农村生活污水处理技术备选方案对评价指标体系中各指标评价等级的满足程度，如表 5-2 所示。表中满分为 5 分，表示该方案完全适用于该情况；最低分为 0 分，表示该方案完全不适用于该情况。

④ 研究地区的技术要求

依据友谊村的生活污水水量、水质特征及该村的庭院、村落的自然地理条件与社会经济状况，评判 10 个指标的不同等级对该村农村生活污水处理的满足程度进行模糊隶属度打分，结果见表 5-3。

表 5-2　友谊村生活污水处理技术备选方案的性能评估

评价指标	评价标准	评分结果				评价指标	评价标准	评分结果			
		A	B	C	D			A	B	C	D
R_{COD}	Ⅰ	5	5	5	5	B_{ec}	Ⅰ	5	5	5	5
	Ⅱ	5	5	5	5		Ⅱ	3	0	0	4
	Ⅲ	5	5	5	5		Ⅲ	1	0	0	3
	Ⅳ	5	5	3	5		Ⅳ	0	0	0	2
	Ⅴ	0	0	0	3		Ⅴ	0	0	0	1
R_{NH_4}	Ⅰ	5	5	5	5	A_{land}	Ⅰ	5	5	5	5
	Ⅱ	5	5	5	5		Ⅱ	5	5	5	5
	Ⅲ	5	5	4	5		Ⅲ	5	5	5	5
	Ⅳ	3	5	3	3		Ⅳ	5	5	3	4
	Ⅴ	0	1	1	0		Ⅴ	3	3	2	3
R_{TP}	Ⅰ	5	5	5	5	D_{st}	Ⅰ	5	5	5	5
	Ⅱ	5	5	5	5		Ⅱ	5	4	5	5
	Ⅲ	5	5	5	3		Ⅲ	5	3	4	5
	Ⅳ	3	5	4	0		Ⅳ	4	2	3	5
	Ⅴ	1	3	3	0		Ⅴ	3	1	3	3
C_{cons}	Ⅰ	5	5	5	5	D_{ma}	Ⅰ	5	5	5	5
	Ⅱ	5	5	0	5		Ⅱ	5	5	5	4
	Ⅲ	5	5	0	5		Ⅲ	5	5	5	3
	Ⅳ	5	3	0	3		Ⅳ	3	3	4	2
	Ⅴ	3	0	0	0		Ⅴ	1	1	3	1
C_{ope}	Ⅰ	5	5	5	5	D_{ec}	Ⅰ	5	5	5	5
	Ⅱ	5	5	5	5		Ⅱ	5	5	5	5
	Ⅲ	5	4	5	5		Ⅲ	5	4	5	5
	Ⅳ	4	3	3	3		Ⅳ	4	3	3	5
	Ⅴ	3	0	0	0		Ⅴ	3	2	1	4

表 5-3 友谊村农村生活污水处理技术的需求特征评估

评价指标	评价标准	满足程度	评价指标	评价标准	满足程度	评价指标	评价标准	满足程度	评价指标	评价标准	满足程度	评价指标	评价标准	满足程度
	Ⅰ	0		Ⅰ	0		Ⅰ	0		Ⅰ	0		Ⅰ	0
	Ⅱ	0		Ⅱ	3		Ⅱ	0		Ⅱ	0		Ⅱ	3
R_{COD}	Ⅲ	3	R_{NH_4}	Ⅲ	5	R_{TP}	Ⅲ	3	C_{cons}	Ⅲ	3	C_{ope}	Ⅲ	5
	Ⅳ	5		Ⅳ	5		Ⅳ	5		Ⅳ	4		Ⅳ	5
	Ⅴ	5		Ⅴ	5		Ⅴ	5		Ⅴ	5		Ⅴ	5
	Ⅰ	3		Ⅰ	0		Ⅰ	0		Ⅰ	0		Ⅰ	0
	Ⅱ	4		Ⅱ	1		Ⅱ	0		Ⅱ	0		Ⅱ	0
B_{ec}	Ⅲ	5	A_{land}	Ⅲ	3	D_{st}	Ⅲ	3	D_{ma}	Ⅲ	3	D_{ec}	Ⅲ	3
	Ⅳ	5		Ⅳ	5		Ⅳ	5		Ⅳ	5		Ⅳ	5
	Ⅴ	5		Ⅴ	5		Ⅴ	5		Ⅴ	5		Ⅴ	5

⑤ 备选方案的优劣关系矩阵

根据公式（5-4）计算得到各评价指标等级对研究区技术需求的隶属度，由公式（5-3）和表 5-2 数据计算得到 4 个备选方案的优劣关系矩阵如下：

$$\boldsymbol{L}=\begin{bmatrix} 3.08 & 3.06 & 2.69 & 4.17 & 4.17 & 1.45 & 4.29 & 3.57 & 2.50 & 3.85 \\ 3.08 & 3.89 & 4.23 & 2.25 & 2.78 & 0.68 & 4.29 & 1.71 & 2.50 & 2.85 \\ 2.31 & 3.06 & 3.85 & 0.00 & 3.06 & 0.68 & 3.21 & 3.00 & 3.57 & 2.69 \\ 2.31 & 1.94 & 1.08 & 2.25 & 4.44 & 2.77 & 3.93 & 3.93 & 1.71 & 4.62 \end{bmatrix} \tag{5-5}$$

⑥ 评价指标的权重

应用层次分析法对 B 层相对 A 层和 C 层相对 B 层的权重值进行了计算，最后计算得到了 C 层指标相对 A 层指标的权重值，具体见表 5-4。

表 5-4　农村生活污水处理技术评价指标的权重值

C 层/B 层	B1	B2	B3	C 层总排序权重值
	0.400	0.400	0.200	
C1	0.600			0.240
C2	0.200			0.080
C3	0.200			0.080
C4		0.400		0.160
C5		0.400		0.160
C6		0.100		0.040
C7		0.100		0.040
C8			0.333	0.067
C9			0.333	0.067
C10			0.333	0.067

⑦ 备选方案的综合优劣系数

采用公式（5-4）计算得到以上 4 种备选方案最终的综合优劣系数分别为 3.42、2.86、2.37 和 3.12，即 A 方案综合优劣系数最高，推荐为友谊村的农村生活污水处理技术方案。

5.2　畜禽养殖污水控制技术目录

5.2.1　畜禽养殖污染防治模式

（1）能源生态模式

概述：是指养殖场废水经厌氧发酵等工艺处理后，所产生沼气作为能源回收利用，沼液还田使用。这种处理方式可以充分实现废弃物的资源化利用和种养平衡的原则，是一种较为理想的处理模式。

适应条件：主要适用于周边 5 km 范围内有足够的常年种植农作物消纳粪污的土地，能充分实现废弃物的综合利用，年存栏量 25 000 头以下规模的养猪场（其他畜禽养殖业参照附件换算）。

工艺技术流程：养殖场（小区）粪污先采用固液分开处理方式，

固体粪污制造有机肥，废水经厌氧发酵和稳定塘等工艺处理后，其沼液充分还田利用，实现粪污的"零排放"，沼气作为生活燃料或发电。其优点是相对比能源环保模式投资省，运行管理费用低，污泥量少，对周围环境影响小，基本无臭味，无噪声，缺点是占用土地量较大（图 5-1）。

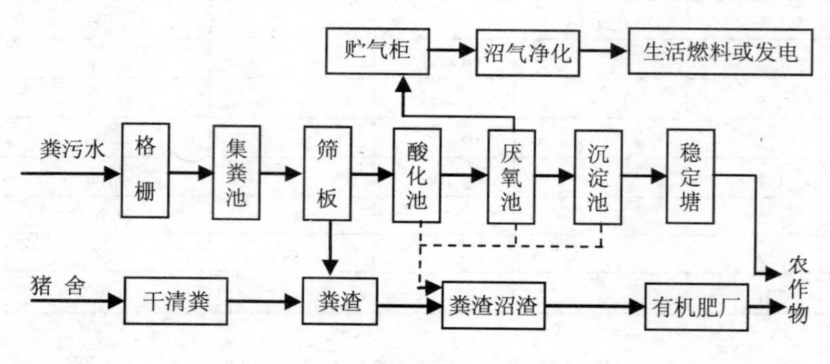

图 5-1 能源生态模式工艺流程

适应标准：应符合《粪便无害化卫生标准》（GB 7959—1987）要求。

（2）能源环保模式

概述：是指养殖场废水经厌氧发酵等工艺处理后，所产生沼气作为能源回收利用，部分沼液还田使用，剩余沼液需进一步处理达到国家规定的有关标准要求。

适应条件：主要适用于周边 5 km 范围内缺乏足够的种植农作物消纳粪污的土地，多余沼液需进一步处理才能排入城市污水管网，年存栏量 500～10 000 头的规模化养猪场(其他畜禽养殖业参照附件换算)。

工艺技术流程：养殖场（小区）粪污先采用固液分开处理方式，固体粪污制造有机肥，废水经厌氧发酵等工艺处理后，回收沼气，作为能源。部分沼液用于还田利用，多余沼液进一步净化处理后排放。其优点是适应性广，地理位置限制不严格，占地相对较少，可达行业排放标准。缺点是投资大，能耗高，运行费用大，机械设备多，维护管理复杂（图 5-2）。

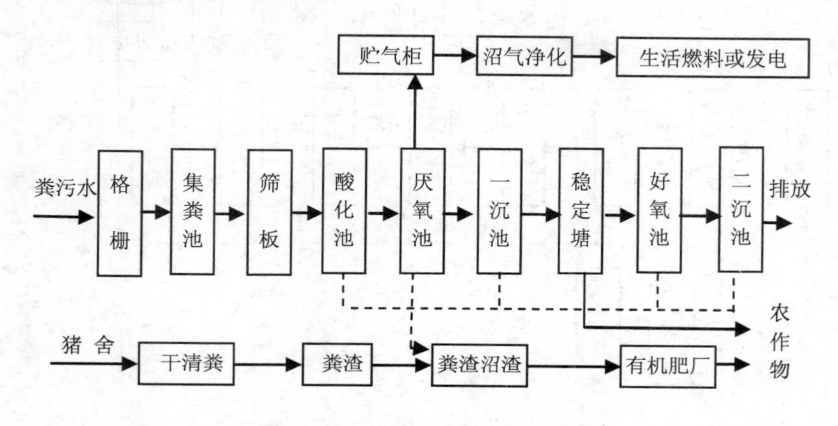

图 5-2　能源环保模式工艺流程

适应标准：应符合《粪便无害化卫生标准》（GB7959—1987）和《畜禽养殖业污染物排放标准》（GB 18596—2001）要求。

（3）达标排放模式

概述：是指限建区养殖场污染物必须处理达到国家排放标准的处理方式。

适应条件：任何养殖场都可以采取治理达标模式，但从经济技术合理性来说，主要适应于限建区年存栏量 5 000～10 000 头的规模化养猪场（其他畜禽养殖业参照附件换算）。若年存栏量低于 2 500 头或高于 20 000 头的养猪场，根据环评实际情况确定。

从经济效益和环境效益分析，一般不提倡用治理达标模式，可根据情况选择能源生态或能源环保模式。

工艺技术流程：畜禽养殖场（小区）粪污采用固液分开处理方式，固体粪污制造有机肥，废水经厌氧发酵等工艺处理后，回收沼气，作为能源。沼液经好氧及深度净化处理，必须达到国家规定的环保排放标准。优点是适应性广，地理位置限制不严格，与能源生态模式相比占地较少。缺点是投资较大，机械设备多，运行费用高，维护管理复杂（图 5-3）。

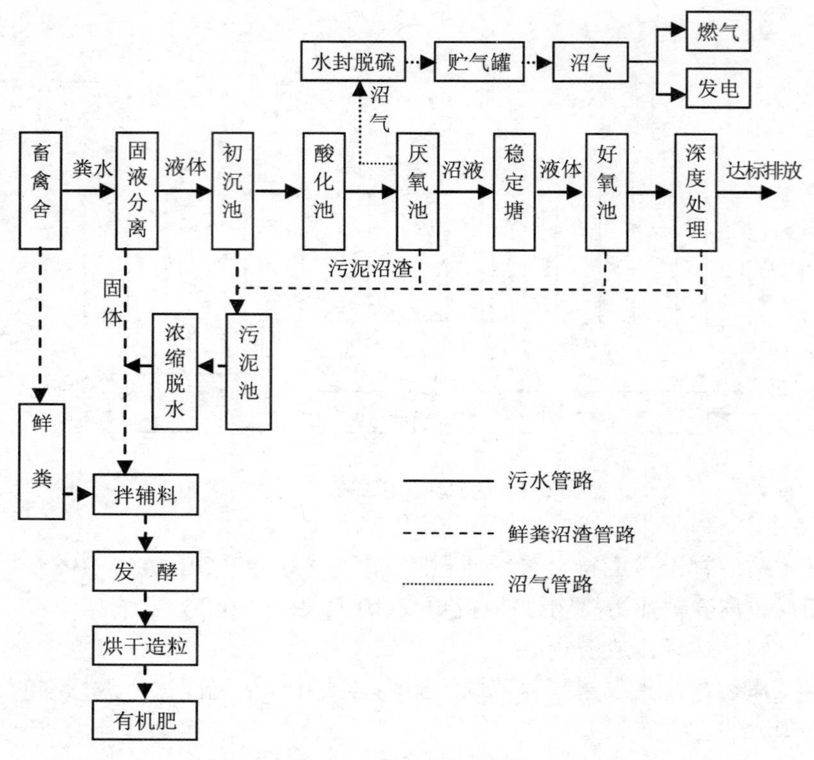

图 5-3 达标排放模式工艺流程

适应标准：处理后的粪污水应符合《污水综合排放标准》（GB 8978—1996）要求。

（4）水肥还田模式

概述：是指小型养殖场废水经厌氧发酵等工艺处理后，直接排入有足够能力消纳的土地，作为有机肥供农作物吸收消化的处理方式。

适应条件：主要适用于周边 5 km 范围内有需要常年施肥的农作物，种植面积不足 400 亩，年存栏量 500 头以下的小规模养猪场（其他畜禽养殖业参照附件换算）。

工艺技术流程：畜禽产生的粪便人工清出，采取堆腐熟化 5～7 d 或常温密封贮存 30 d 后（无害化处理）做肥料自用或外销。粪尿冲洗水则进入厌氧消化池处理后还田利用，产生的沼气民用或燃烧（图 5-4）。优点是零排放，投资省，不耗能，便于管理。

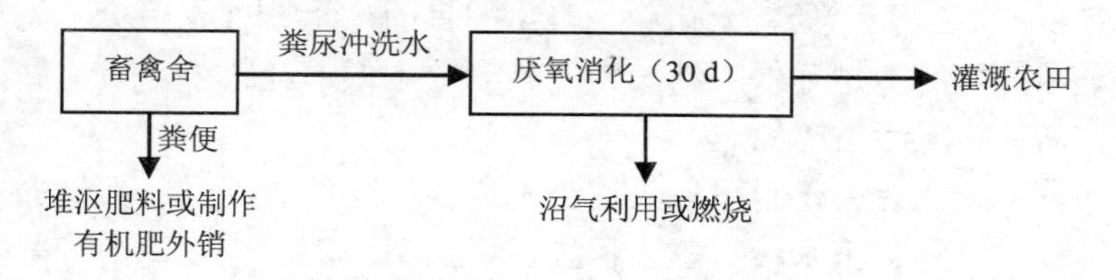

图 5-4　水肥还田模式工艺流程

适应标准：应符合《粪便无害化卫生标准》（GB 7959—1987）要求。

（5）发酵舍零排放模式

“生物发酵舍零排放养猪技术”正在我国部分省市循序渐进推广。在《2009 年国家鼓励发展的环境保护技术目录》中“生物发酵舍零排放养猪技术”作为国家鼓励发展的环境保护技术，经工程实践证明成熟可行。该技术是将锯末、谷壳、米糠和微生物菌种混合成垫料，进行水分调节混合搅拌和堆积发酵后，作为垫料铺在猪舍内，降解、消化生猪排出的粪、尿，3 年后即可达到《有机-无机复混肥料》（GB 18877—2002）要求，作为生物有机肥料出售。与传统养猪技术相比，无须设置清粪和粪尿处理措施，节约用水约 80%，猪场场界无恶臭，猪肉可达《无公害食品猪肉》（NY 5029—2001）的要求。

微生物发酵床养殖模式就是利用周围自然环境的生物资源，采集土壤中的土著微生物菌落，经过对这些微生物进行培养、扩繁，形成有相当活力的土著微生物原种，再按一定比例将土著微生物原种、锯屑、秸秆等农副产品以及一定量的泥土、天然盐等加到一起，以此作为猪圈的垫料。在经过特殊设计的猪舍里，填入上述有机垫料制成发酵床。

猪从小到大都生活在发酵床上面，利用生猪的拱翻习性，使猪粪、尿和垫料充分混合，被土著微生物迅速降解、消化，不再需要人工清理。微生物以尚未消化的猪粪为食饵，繁殖滋生，随着猪粪尿的消化，臭味也就没有了，而同时繁殖生长的大量微生物又向生猪提供了优质的菌体蛋白质被猪食用，从而相辅相成将猪舍演变成饲料工厂，达到无臭、无味、无害化的目的，是一种无污染、无臭气、零排放的新型环保养猪技术，具有成本低、耗料少、效益高、操作简单、无污染等优点。

发酵床的有机垫料可以采用当地来源广泛的农副产品，例如玉米秸秆、麦秸、玉米棒、玉米棒皮、食用菌渣等，也可使用一部分树木间伐和修剪下来的木枝等垫底。将 90%的有机垫料、10%的土、0.3%的天然盐、每平方米 2 kg 的土著微生物原种等按比例分层加入发酵床内，调整水分至 60%～65%，并且每层喷洒由天惠绿汁、乳酸菌、鲜鱼氨基酸等原液配制的 500 倍稀释液。以 100 m^2 发酵床计算，需要有机垫料 15 000 kg、生土 1 500 kg、天然盐 48 kg、土著微生物原种 200 kg（含母种 5 kg）、活性营养液（天惠绿汁、乳酸菌、鲜鱼氨基酸等）原液各 8 kg。

该技术从成本上来看，每平方米猪舍的垫料建造成本为 40 元（规模化经营可以再降低成本 40%），一个万头存栏量的猪场需要面积 1 万 m^2，投资 40 万元，可以使用 3 年。该技术减少人工费用 50%，3 年节约费用约 7.5 万元；减少用水量，3 年节约资金约 10.8 万元；减少环境处理费用，3 年约 12 万元；3 年合计节约资金约 30.3 万元。产生生物有机肥料约 0.7 万 t，以每吨 150 元出售计，则可收益 105 万元。由此可见，该技术可在节约成本的基础上，实现创收，整体经济效益、环境效益可观。表 5-5 是某养猪场采用生物发酵舍工艺后环境改善对比结果。

表 5-5 某养猪场环境改善对比结果 单位：mg/L（pH 值除外）

监测时间	采样点位	TP	COD	BOD	NH_3-N	pH
改建造前养猪（2008）	养殖场排污口	9.6	530	240	105	6.24
改建造前养猪（2008）	养殖场排污口南边小溪	2.92	65.2	25.2	9.68	6.98
改建造后养猪（2010）	养殖场排污口南边小溪	0.03	1.1	0.21	0.21	6.71

（6）多级资源化利用模式

以粪便资源化利用为目的，多通过生物链加环，形成多种具有地域特色的生态农业模式，如猪-沼-果（菜）、猪-沼-鱼、牛-沼-草、果-草-牧-菌等。同时减少污染，无害化处理效率较高，能源消耗较低，所需环境净化面积较大。适用于自然条件或下游产业链发展较好的地方。

在养殖环节，采用污染减量化生产技术，减少污水产生与粪尿氮、磷的排放量；采用干清粪饲养工艺，实现固液分离，固体粪污经厌氧消化产生沼气作为能源使用，沼液、沼渣还田或作为饲料，或直接经堆肥、发酵、熟化、晾干后作为种植蘑菇等的培养基，污水通过厌氧与好氧技术处理达标后排放。

5.2.2　畜禽养殖废水处理工艺

畜禽养殖废水有机物和氮、磷含量高，一般采用生物、生态或生物-生态处理工艺，具体工艺的选择，需与畜禽养殖污染的总体模式相适应，并综合考虑养殖场所在区域的地形、土地、环境特征并考虑经济状况来确定。

畜禽养殖废水处理工艺可包括预处理单元、生物处理单元和生态处理单元中的一个或多个，依据处理单元的组合方式，可分为生物处理技术、生态处理技术和生物-生态处理技术三大主要类型，具体单元工艺的选择方面，污水预处理技术一般厌氧反应器，包括CSTR、USR、UASB、UBF、HCR、IOC 等；二级生物处理一般采用曝气池、SBR、氧化沟、生物接触氧化池、生物滤池等；生态净水技术一般采用稳定塘、人工湿地和土地渗滤等。各单元常用设备及适宜条件见表 5-6。

5.2.3　畜禽养殖废水处理技术目录

依据畜禽养殖污染防治模式及其主体工艺组合情况，并遵循前文提出的筛选依据，本课题建立了农村生活污水处理技术推荐目录及其具体信息见附录。

表 5-6 各种常用厌氧处理工艺的优、缺点

工艺类型	优点	缺点
沼气池	系统非常简单，高 SS 浓度	低负荷，需要较大池容
常规消化器	结构简单	效率较低
CSTR	适用于高浓度及含有大量悬浮固体原料的处理	需要消化器体积较大；能量消耗较高
FBR	不需搅拌装置，结构简单，能耗低；适用于高 SS 废物的处理外，尤其适用于牛粪的消化；运转方便，故障少，稳定性能高	固体物可能沉淀于底部，影响消化器的有效体积，使 SRT 降低；需要固体和微生物的回流作为接种物；因该消化器面积/体积比值较大，难以保持一致的温度，效率较低；易产生结壳
UASB	运行简单，适应高或低浓度 COD，可能适应极高负荷	解决运转问题需要技巧，不适宜废水具有高 SS 的情况
IC	具有很高的容积负荷率，沼气提升实现内循环，不必外加动力节省基建投资和占地面积	发酵塔高度太高，不方便施工
USR	简单，造价低，适应高悬浮固体	效率较低、产气率低

5.3 农田面源污染控制技术目录

5.3.1 农田面源污染控制模式

农业面源污染根据产生与排放规律，可以从源头控制、过程阻截和末端处理三个途径来进行防治，其中源头控制是主要手段，主要可以从提高肥料利用效果、控制土壤侵蚀和增加土壤养分截存能力三个方面进行防治。

5.3.2 农田面源污染控制技术目录

共把农业面源污染防治技术分为四大类，通过文献调研、实地调查等方式，建立农田面源污染防治技术目录，各技术的简介、应用情况及效果等具体信息见附录。

附录　农村水污染控制技术目录

附表 1　农田面源污染控制技术目录

技术名称	技术简介	应用情况与效果分析
1. 肥料效应法配方施肥技术	多因子正交、回归设计法，通过设置不同肥料用量的田间试验，可以建立产量与施肥量之间的函数关系，求得肥料增产的边际效应、各种营养元素配合施肥的互作效果、经济施肥量、施肥上下限。能客观反映影响肥效诸因素的综合效果，精度高，反馈性好。有地区局限性，需要在不同类型土壤上布置多点试验，积累不同年度的资料，费时较长	广泛应用于测土配方施肥项目的示范与推广中，在华北平原，小麦节氮 20%～40%，节磷 10%～30%，玉米节氮 20%～40%
2. 地力分区法配方施肥技术	按土壤肥力高低分成若干等级，或划分一个肥力均等的田片，作为一个配方区，利用土壤普查资料和过去田间试验成果，结合群众的实践经验，估算出这一配方区内比较适宜的肥料种类及其施用量。具有针对性，提出的用量和措施接近当地的经验，群众容易接受，推广的阻力比较小，适用于生产水平差异小，基础较差的地区	被广泛应用于测土配方施肥项目示范与推广中，取得了较好效果
3. 土壤-植株测试推荐施肥技术	对于大田作物，在综合考虑有机肥、作物秸秆应用和管理措施的基础上，根据氮、磷、钾和中微量元素养分的不同特征，采取不同的养分优化调控与管理策略。其中，氮素推荐根据土壤供氮状况和作物需氮量，进行实时动态监测和精确调控，包括基肥和追肥的调控；磷钾肥通过土壤测试和养分平衡进行监控；中微量元素采用因缺补缺的矫正施肥策略。该技术包括氮素实时监控、磷钾养分恒量监控和中微量元素养分矫正施肥技术	能动态跟踪土壤、植株养分丰缺与需求状况，肥料浪费少，节能效果好，但实施难度较大，成本较高

技术名称	技术简介	应用情况与效果分析
4. 深施肥技术	包括条施、沟施和穴施。条施在作物种子行或作物幼苗行旁边，再开一条肥料沟，均匀施入肥料，并覆土。穴施是在作物种子周围或定植作物幼苗根部，挖穴施入肥料并覆土。环施以植株为中心，在距根部数公分处，以环状方式施肥，环施是在作物种子周围或定植作物幼苗根部，挖穴施入肥料并覆土	肥料挥发低，节肥效果显著，不容易产生径流流失，但增大了淋溶损失风险
5. 随水施肥技术	把肥料溶解于水中形成肥溶液，而后，淋入作物根系较集中的土表上，其主要是用于叶菜类的氮肥追施。通过积极的营养诊断和测土施肥，适时、适量地供给作物肥料、水分，减少了盲目性。对作物仅供给必要的水、肥，既保证了作物稳定生长，又节约了大量的肥料和水	在南方果园、菜地和北方蔬菜保护地种植中得到了广泛的应用。可节水 30%～70%，节肥 40%～50%
6. 滴灌施肥技术	滴灌随水施肥技术是利用滴灌设施将作物需要的养分、水分最低限度地供给，使其限定在作物根域 25cm 左右，能随意控制水分、肥料，满足作物生长需要。在作物的不同生育阶段，将所需的不同养分配比的肥料和水，分多次小量，适时、适量地满足作物生长的需要	方便肥料和农药的施用；提高水分和肥料利用率，不污染环境。避免造成盐害
7. 覆膜滴灌	作物是生长在一层塑料薄膜下，然后再采用滴灌系统，根据作物生长发育的需要，一滴一滴地向作物根系周围进行局部节水灌溉，肥料随滴灌水流直接送达作物根系部位，易被作物根系吸收	地表面覆膜以后，既大大减少了地面的水分蒸发到空气中，又避免了地表水分向土壤的深层渗透，或者在地表面形成小河流，可以把水直接运输给植物。西北大部分得到推广应用，新疆棉花种植采用了该项技术，效果显著，海南、辽宁、黑龙江等省也开始推广

技术名称	技术简介	应用情况与效果分析
8. 控/缓释氮肥	采用能减缓或控制养分释放速度的新型肥料。释放养分的速率较慢，因此在旱地中不容易随水分渗漏而淋失，水田中进入田面水的养分也较低，降低了排水或径流损失	广东省 2003 年开始推广。可减少氨挥发 30%以上，减少淋溶损失 60%以上
9. 少免耕技术	任何收获后用残茬覆盖至少 30%土壤表面以减少水蚀的耕作和种植制度即为免耕。或者当主要考虑风蚀时，任何风蚀在土壤表面留下至少每公顷 1 121 kg 的小块残茬以减少风蚀的耕作制度为免耕。少耕：收获后残茬覆盖 15%～30%的土壤表面，或留下每公顷 560～1 121 kg 的小块残茬的耕作制度，药物或中耕除草	通过改善土壤的入渗性能、土壤物理结构，减少地表径流及雨点和径流对土壤的冲击与侵蚀来影响水土和农用化学物质的流失，能有效地控制水土流失
10. 秸秆覆盖技术	秸秆覆盖由于地表覆盖了一层秸秆或留有作物残茬，增加了地表的粗糙度，阻挡了水分在地表的流动，增加了水分向土体的入渗	减少了地表径流量 50%左右，在干旱、半干旱地区表现特别明显
11. 等高耕作技术	沿等高线方向用犁开沟播种，利用犁沟、耧沟、锄沟阻滞径流，增大拦蓄和入渗能力	沿等高线种植同顺坡种植相比，可以减少约 30% 的土壤流失量
12. 梯田技术	将坡地改造成台阶式或波浪式断面的田地。按田面坡度不同而有水平梯田、坡式梯田、复式梯田等。梯田的宽度根据地面坡度大小、土层厚薄、耕作方式、劳力多少和经济条件而定，和灌排系统、交通道路统一规划。修筑梯田时宜保留表土，梯田修成后，配合深翻、增施有机肥料、种植适当的先锋作物等农业耕作措施，以加速土壤熟化，提高土壤肥力	水平梯田可以减少 94%左右的土壤流失和 56%～92%的营养物质流失。它主要是通过存储水分控制泥沙沉淀和水分侵蚀而达到上述效果，但缺陷是会占用大量土地。工程性措施可减少泥沙负荷 55%；梯田对 SS、TN 和 TP 的削减率分别达到 80%、20%和 70%

技术名称	技术简介	应用情况与效果分析
13. 植物篱技术	在25° 以内的土坡耕地上，隔一定距离沿等高线种植一带经济植物，在降雨和耕种时拦截水土，再通过耕作时上挖下垫，使坡地逐步变为水平梯地	与传统顺坡种植相比，种植1年后，可减少地表径流 345 m^3/hm^2，减少 17.3%，可减少土壤流失 21 t/hm^2，达 70.8%，4年后基本上无泥沙流失。保水保肥及增产效果明显。与农民习惯种植相比，实施后第3年减少土壤养分流失 80%以上，作物产量增加 18%～35%
14. 生态护坡技术	利用自然材料（包括生态木、植物纤维网：通过植物纤维网防止营养土层、种子和植物种苗被雨水冲刷以及保持水分的作用和生态木的拦挡物理基质防止其滑动和移位的作用）来提高生态化改造初期的护坡稳定性，待草本植物发育生长成熟后，其根系形成发达的根系网可将植物、硬质护坡和物理基质紧紧结合在一起，而生态木和植物纤维网则自然腐烂提高基质中的有机物含量	提高降雨入渗，减少降雨径流及其携带的非点源污染物入河量
15. 生态沟渠技术	将农田排水集中并滞蓄于沟渠中，形成沟渠湿地所需要的水利条件，利用湿地净化农田排水中的各种污染物，调蓄降雨径流，防止水土流失，降低汛期洪峰流量	通过减少降雨径流及其非点源污染物的入河量而减缓农业面源污染
16. 河岸阶梯形滤床	第一级滤床靠近河道水体，培育适合高水位变化的较为粗壮水生维管束植物；第二级高渗透性混凝土路面为透水铺装的地面；第三级滤床靠近河堤边道路，进行灌、草的合理措配	技术处理过程包含了过滤、生化吸附、生物膜降解等多种功能，既具有较好的污染物处理效率和抗冲击负荷较高的特点，又具有过滤技术的稳定性，使本技术具有较强的适用性和持续性

技术名称	技术简介	应用情况与效果分析
17. 河网缓冲带	选择农田和河道之间的河岸作为缓冲带区域，在缓冲带区域中选取与河道间隔 5～10 m 的位置作为缓冲带中心线，确定缓冲带的具体区域；按照 2%～5%坡度对选定的缓冲带进行平整处理，采用木排桩打入土壤加固软质河岸；依次在缓冲带靠近农田一侧沿河岸方向开凿布水槽和混凝土砖；所述的布水槽为矩形结构，依径流水在缓冲带中的流向依次按照草本、灌木、湿生植物和水生植物的顺序进行单纯种植或混合种植，各类植物种植宽度或种植数量比例依次为 3∶2∶2∶1；软质河岸是指沙质或淤泥质河岸	缓冲带能有效截留农田径流污染物，进而改善河流水质；缓冲带植被在提高土壤抗侵蚀能力、防止土壤侵蚀方面都有一定的作用，提高了固土护坡的能力，具有良好的水土保持功能
18. 前置库技术	通过延长水力停留时间，促进水中泥沙及营养盐的沉降，同时利用子库中大型水生植物、藻类等进一步吸收、吸附、拦截营养盐，从而降低进入下一级子库或者主库水中的营养盐含量，抑制主库中藻类过度繁殖，减缓富营养化进程，改善水质	对于面源污染为主的河网地区的污染控制，特别是暴雨季节的径流净化效果明显
19. 多水塘技术	利用天然低洼地进行筑坝或人工开挖而成。按是否长期有水可分为湿塘、干塘，按位置可分为村塘、山塘、田塘等。塘建造成本较低，一方面控制污染负荷，另一方面提高水资源的利用率	可截留来自村庄、农田的 P、N 污染负荷 94%以上
20. 沟渠坑塘净化技术	在拦蓄系统工程的基础上依地表径流产生的部位，合理规划山地径流途径，选择不同位置兴修径流聚集沟或充分利用已有的坑、塘、沟、渠蓄水，采取适当非生物—生物等地表径流强化净化措施，沉积泥沙，对径流中氮、磷进行净化	滇池流域台地面源污染控制工程中，利用沟渠、坑塘或开挖导排沟渠，通过沉砂净化，结果发现对 SS 去除效果较好，去除率可达 98%以上，对 TP、DTP 的去除率分别为 95%和 75%以上，对 TN、DTN 的去除效果不稳定

附表2　农村生活污水处理技术目录

技术名称	技术简介	技术经济指标	适用范围	示范工程
Ⅰ厌氧生物处理技术				
1. 厌氧生物接触池	生活污水经管网收集后，进入设置有的格栅集水池，拦截块状漂浮物以及漂浮垃圾，出水再进入厌氧池，在厌氧池中，污水流经内部结构有所不同的多级厌氧池，前半段以酸化分解大分子有机物为小分子有机物并去除部分 COD，后半段挂有生物填料具有兼氧处理效果，最终出水排放到就近水体	出水水质达到《城镇污水处理厂污染物排放标准》（GB 18918—2002）一级B标。造价 2 500 元/t 水，运维费用约 1 000 元/a	出水接入城镇污水管网前的处理	富阳市五爱村生活污水处理工程
2. 兼氧生物滤池	生活污水由管道收集进入沉砂窨井，经格栅拦截块状漂浮物以及漂浮垃圾后进入两级厌氧处理，去除、降解污水中的大颗粒、大分子有机物，再经过放了填料的兼氧生物过滤池，利用填料表面慢慢形成的生物膜进一步消化有机质，污水在该区采用上流式，每级设跌落补充氧气，最后出水经滤板过滤后达标排放	出水水质达到《城镇污水处理厂污染物排放标准》（GB 18918—2002）二级标准	对除磷没有特殊要求的生活污水	嘉兴海宁市丁桥镇民利村生活污水处理工程
Ⅱ好氧生物处理技术				
3. 隔油-水解酸化-接触氧化曝气	农户生活污水集中汇入格栅隔油池，除去手纸、杂物等大颗粒悬浮物，隔除餐饮厨房浮油，然后进入水解调节池进行均质混合、储存、调节、预酸化等过程，通过弹性填料挂膜使附着的兼性微生物进一步降解污水；然后进入间歇式接触氧化曝气池，最后进入沉淀池，将曝气池中部分剩余污泥和脱落的衰老生物膜沉淀分离，以确保出水 SS 达标	出水水质达到《城镇污水处理厂污染物排放标准》（GB 18918—2002）二级标准。吨水建设费 2 000～2 500 元（不含管网铺设费用）；日常运维费用约 0.15 元/t 水		临安市於潜镇观山村生活污水处理工程

技术名称	技术简介	技术经济指标	适用范围	示范工程
4. 地埋式微动力氧化沟	该污水处理装置组合利用沉淀、厌氧水解、厌氧硝化、接触氧化等处理方法，进入处理设施后的污水，经过厌氧段水解、硝化，有机物浓度降低，再利用提升泵提升同时对好氧滤池进行射流充氧，氧化沟内空气由沿沟道分布的拔风管自然吸风提供。已建有三格式化粪池的村庄可根据化粪池的使用情况适当减小厌氧消化池的容积	出水中的COD、SS和总磷指标可达到《城镇污水处理厂污染物排放标准》（GB 18918—2002）的一级B标准；系统户均建设成本为1 800～2 200元，设备运行成本仅为水泵提升消耗的电费，为0.2～0.3元/t水	适用于土地资源紧张、集聚程度较高、经济条件相对较好和有乡村旅游产业基础的村庄	太仓市璜泾镇新明村
5. 序批式生物反应器（SBR）	SBR集进水、曝气、沉淀、出水于一池中完成，间歇运行，其特点是工艺简单。由于只有一个反应池，不需二沉池、回流污泥及设备，一般情况下不设调节池，多数情况下可省去初沉池，故节省占地和投资，耐冲击负荷且运行方式灵活，可以从时间上安排曝气、缺氧和厌氧的不同状态，实现除磷脱氮的目的。具有工艺流程简单，运转灵活，基建费用低等优点，能承受较大的水质水量的波动，具有较强的耐冲击负荷的能力	出水中的COD、SS和总磷指标可达到《城镇污水处理厂污染物排放标准》（GB 18918—2002）的一级B标准	适宜于土地资源紧缺、经济发达的村庄，适用于村落污水处理系统	江阴市新桥镇郁桥村庄桥农自然村
Ⅲ生态处理技术				
6. 土壤渗滤系统	污水经收集后，分别进入漂浮植物沉淀塘、水解酸化池、初级过滤系统和生态填料处理系统，经拦污、重力作用、植物拦截、吸附、絮凝、水解作用、酸化、生物助凝、吸附、周丛生物（包括微生物）降解、植物营养盐吸收、微生物同化、生态填料的吸附等机制净化污水	出水水质达到《城镇污水处理厂污染物排放标准》（GB 18918—2002）一级A标的吨水投资为2 200元，吨水运行费用为0.10～0.20元	COD≤300 mg/L TN≤50 mg/L P≤6 mg/L	云南省江川县庄子村村落环境综合治理工程

技术名称	技术简介	技术经济指标	适用范围	示范工程
7. 毛细管渗滤分散式装置	污水处理设施建于地表以下，土壤层仍可种植各类作物，无需改变土地的耕作方式。系统建成后，在其表面种植各种蔬菜，利用蔬菜的蒸腾作用将水分充分吸收和消耗		适用于单门独户或仅有三五户聚居的生活污水收集处理	太仓市城厢镇永丰村、新农村、璜泾镇杨漕村、陆渡镇洙泾村、洙桥村、浏河镇浏南村、浮桥镇牌楼村等
8. 塔式蚯蚓生态滤池	塔式蚯蚓生态滤池在普通的生态滤池基础上充分利用了蚯蚓与微生物的协同作用以及蚯蚓增加通气性、分解有机物等功能，能够更好、更有效地进行污水处理。蚯蚓在滤池内降解有机物，还可通过其砂囊研磨与肠道的生物化学作用以及与微生物的协同作用，促进C、N、P转化与矿化，其主要功能为在土壤活动层内的机械疏松、消解，对滤床起物理清扫作用，防止土壤板结、堵塞	出水水质达到《城镇污水处理厂污染物排放标准》（GB 18918—2002）一级A标的工程投资：1 000～3 000 元/（m^3·d），吨水运行费用 0.30 元/m^3		太仓市浮桥镇牌楼村协心农庄
9. 生态沟渠技术	生态沟渠是仿自然环境中的湿地形态，用土壤和填料（细沙、鹅卵石、绿豆石等）混合组成。沟渠表面种植具有性能好，成活率高，抗水性强，生长周期长，美观及具有经济价值的水生植物（如芦苇、蒲草等），形成一个独特的生物生态体系，从而使污水得到处理的一种生态处理技术	COD 去除率可达 80%，TN 去除率可达 60%～70%，TP 去除率可达 80%～85%。污水处理运行成本在 0.10～0.15 元/t	微污染水处理	云南昆明高新区庄子村污水处理工程

技术名称	技术简介	技术经济指标	适用范围	示范工程
10. 生物稳定塘系统	污水首先经过拦污栅拦污，自流到氧化塘。根据氧化塘的现状，对于堤埂已经硬化的水塘，可在水塘中建设浮岛，并搭配少量漂浮和浮叶植物，同时通过简易导流过滤设施，增加水流的蜿蜒性；对于自然形成还尚未受到硬化处理的水塘，则以挺水植物为主，利用自然基底的渗滤和水生植物的净化功能使水质得到净化，并增强水体自身的生物净化功能。堤岸种植景观乔木、花卉，在处理污水的同时，美化环境	出水水质达到《城镇污水处理厂污染物排放标准》（GB 18918—2002）一级 A 标的吨水投资约为 1 800 元，吨水运行费用为 0.05～0.15 元。需较大土地利用空间	COD≤250 mg/L TN≤50 mg/L P≤6 mg/L	云南省潞西市南见村村落环境综合治理工程
11. 高效生物载体泛氧化塘-人工景观喷泉曝气系统	项目利用原有池塘，将农户生活污水先由管网集中，汇入预处理池进行预处理，并隔除水中的漂浮物，出水自流到由原池塘改造的高效生态泛氧化塘（前半塘），塘中安置悬挂型和漂浮型生态基，经过生态基上大量的本土微生物主要是好氧菌、兼氧菌、厌氧菌去除水体中的有机污染物；有益藻类和固氮细菌、反硝化菌、硝化菌等矿质化能合成细菌去除水体中的 TN、TP；水生动物对水体主要起到转移污染物的作用；再通过人造景观喷泉曝气系统进行曝气（后半塘），以增加水中的溶解氧，提高好氧微生物的活性，提高治理效率，同时促进水体循环，最后水质得到净化后排放	出水水质中有机物达《城镇污水处理厂污染物排放标准》（GB 18918—2002）二级标准，氮磷指标达一级 A 标，吨水投资为 1 500～2 500 元，吨水运行费用为 0.05～0.1 元		临安市乐平乡七坑村生活污水处理工程

技术名称	技术简介	技术经济指标	适用范围	示范工程
12. 厌氧-填料过滤-生态塘	生活污水由管网收集后，重力自流进入污水处理系统，经过设置在污水处理系统前的一道粗隔栅，拦截块状漂浮物以及漂浮垃圾（在溢流水道增设溢流堰，雨洪季节可进行泄水）。污水流入收集池初步收集后进入设置了弹性填料的沉淀池充分混合，颗粒物质经重力自由沉降，生活油污由沉淀池中设置的挡板隔去。然后，污水流入设置了弹性填料的厌氧池，在厌氧池中进行消化分解，酸解大分子有机物，并投加 ACF 专用微生物后，进一步提高处理效率。经过厌氧处理后进入配置了填料的过滤池，在过滤池中通过均匀布水达到污水的紊流状态，进一步地去除污染物，出水进入生态塘（断头河），在生态塘中通过种植多种类型的水生植物，通过各种植物的吸收和吸附，对出水进行深化处理，同时投放部分水生生物，组建完善的食物链，提高污水的净化效率。最终出水汇入河流	出水水质中有机物达《城镇污水处理厂污染物排放标准》（GB 18918—2002）二级标准，氮磷指标达一级 A 标，吨水建设费用约 5 000 元	适用于经济发达地区、对水环境质量要求较高的水系密布地区	温州市瑶溪镇南山村（东片区）生活污水处理工程
13. 生态填料土地处理系统	利用薄膜在地下围成一个生物滤池，利用通气性土壤作为好氧性填料，将厌氧化的生活污水引进草坪下 25 cm 左右，通过由干管、支管组成的布水系统，均匀地由通气性土壤向下渗滤，污水滞留到厌氧砂盘后，再通过“表面张力作用”上升，越过砂盘的围堰之后，再通过“虹吸现象”连续地向下层土壤渗透并流出处理系统	出水水质达到《城镇污水处理厂污染物排放标准》（GB 18918—2002）一级 A 标的吨水投资为 3 000～5 000 元，吨水运行费用为 0.2～0.4 元	COD≤1000 mg/L 常规生活污水、污染负荷较高的畜禽污水	晋宁县晋城镇月表村污水收集处理工程

技术名称	技术简介	技术经济指标	适用范围	示范工程
14. 垂直潜流湿地	在一定的填料上种植特定的湿地植物，从而建立起湿地生态系统，当污水通过系统时，其中的污染物质和营养物质被系统吸收或分解，使水质得到净化	出水水质达到《城镇污水处理厂污染物排放标准》（GB 18918—2002）一级 B 标的吨水投资约为 2 000 元，吨水运行费用为 0.1～0.2 元	COD≤150 mg/L TN≤20 mg/L TP≤5 mg/L	景洪市曼典村村落环境综合治理工程
15. ABR 厌氧池＋湿地处理系统	ABR 厌氧池＋湿地处理系统基本构成为强化沉淀池、ABR 厌氧池、潜流人工湿地、表流人工湿地等工段串联组成，污水在生物强化沉淀池内除去固体悬浮颗粒物后自流至 ABR 厌氧池进行厌氧反应以降低污染物浓度。厌氧池出水依次自流至潜流人工湿地及表流人工湿地，污水在湿地内经过植物根系截留、吸收、吸附以及沉降作用，大大削减了污染物浓度，经过以上处理后，各项污染物均能达到排放标准的要求	出水水质达到《城镇污水处理厂污染物排放标准》（GB 18918—2002）一级 B 标的吨水投资为 300～600 元，吨水运行费用为 0.1～0.2 元	COD≤400 mg/L TN≤50 mg/L TP≤6 mg/L	石屏县大水村村落环境综合治理工程
16. 硅藻精土水处理技术	该技术以硅藻土作为生化过程内微生物的载体，采用常规缺氧/好氧工艺流程。通过控制溶解氧来控制好氧池曝气量，一般好氧池溶解氧控制在一定浓度；曝气池投加一定量硅藻土；污泥间歇地排出，以保持生化池内混合液悬浮固体质量浓度；处理出水从二沉池溢流出来通过控制生化池停留时间，达到不同的出水指标	处理量 50 m^3/d，构筑物净占地面积 32 m^2，投资估算 40 万元	COD≤400 mg/L TN≤50 mg/L TP≤6 mg/L	云南省大理市登龙河 5000 m^3/d 污水处理厂

技术名称	技术简介	技术经济指标	适用范围	示范工程
17. 集成式人工构造湿地污水处理系统	该系统是具有多种功能的生态处理系统，系统是由前处理系统和特殊的人工生态基质及生长在其上的各类植物组成，可以沉淀、吸收和降解有毒物质	出水能达到《城镇污水处理厂污染物排放标准》（GB 18918—2002）中的一级A标准	COD≤2 915 mg/L TN≤62 mg/L TP≤6 mg/L	昆阳磷矿集成式人工构造湿地污水处理系统
18. 集成式上流微循环厌氧复合菌床生活污水处理系统	系统由多功能轻质介孔复合材料、链式生物膜反应器和异味气体生物过滤床进行工艺集成和组合，将通常UASB反应器的进水方式改为间歇式上流微循环进水，使反应器底层污泥交替进行收缩和膨胀，有助于底层污泥厌氧菌种群的混合。在反应区底层增设微生物载体反应器，使反应器在启动运行过程中厌氧微生物迅速着床在载体上，快速繁殖，因而使厌氧活性污泥浓度增大，处理污水的效率高、出水稳定	出水水质达到《城镇污水处理厂污染物排放标准》（GB 18918—2002）一级A标	COD≤2 400 mg/L TN≤100 mg/L TP≤8 mg/L	云南小松子园村生活污水收集治理工程
19. 景观型一组合人工湿地污水处理系统	该技术针对农村生活污水，在各种不同的实际情况下，将各种污水处理工艺以不同方式进行优化组合，因地制宜处理污水，处理效果好，无二次污染；此外该技术注重景观效果，不对农村生态环境造成破坏，适于在农村地区进行推广	出水水质达到《城镇污水处理厂污染物排放标准》（GB 18918—2002）一级A标的吨水投资约为500元，吨水运行费用约为0.2元，系统的用地面积约为2 m^2/t	适用于农村生活污水处理	中南林业科技大学株洲校区人工湿地示范工程
20. 三段式砾石床技术	在传统砾石床的基础上，采用改良的三段式砾石床循环系统净化景观水体，研究结果表明，三段式砾石床循环系统可以有效地去除水体中的COD、氨氮、SS、蓝绿藻，降低水体的浊度	COD去除率可达43%，TN去除率可达70%～80%，TP去除率较低。污水处理运行成本在0.10元/t	适于处理常规生活污水、畜禽污水与农灌水混合污染负荷较低的综合污水，COD 100～200 mg/L	安宁交通高级技工学校景观水体处置系统

技术名称	技术简介	技术经济指标	适用范围	示范工程
21. 微生物强化型潜流湿地技术	微生物强化型潜流湿地处理工艺是在水平潜流湿地工艺基础上引入生物滤池的技术特点而开发出来的一种新型人工湿地污水处理技术。与传统人工湿地不同，微生物强化型潜流湿地创造性地将活性生物载体填料引入潜流式湿地系统，利用活性生物载体填料表面形成的生物膜强化微生物在人工湿地处理中的作用	出水水质可以达到《城镇污水处理厂污染物排放标准》（GB 18918—2002）一级A标准 吨水运行费用为0.1～0.2元	COD≤300 mg/L TN≤50 mg/L TP≤6 mg/L	云南亚太环境工程设计研究有限公司
22. 正清生态技术	利用食物链关系，主要通过水生浮游动物——蚤状溞摄食水体中的有机碎屑直接吸收转化有机物、摄食水体中的浮游藻类和细菌间接地吸收转化营养物，通过建立较完整的水生态系统以其综合作用进一步净化水质	出水水质达到《城镇污水处理厂污染物排放标准》（GB 18918—2002）一级A标的吨水投资约为2 500元，吨水运行费用为0.1～0.2元	COD≤400 mg/L TN≤50 mg/L TP≤6 mg/L	昆明滇池老盘龙江生态整治示范工程
23. 地下湿地与高负荷地下渗滤污水处理技术	将污水通过埋在地下的散水管散布到一定面积的人工土中，污水从上部包气带向下渗滤的同时，其中的污染物在土壤中通过截留、吸附及微生物分解和转化而去除。同时，将地下湿地与高水力负荷地下渗滤技术相结合，在保障系统使用寿命和污水处理效果的同时，将污水负荷能力提高到50 cm/d以上，不仅使之适用于人群聚居地生活污水的现场处理，而且大大降低了建设成本	出水水质达到《城镇污水处理厂污染物排放标准》（GB 18918—2002）一级A标，每吨污水的建设投资为1 500～1 800元，运行成本为0.05～0.15元	适合于城市小区、小城镇、度假村和农村等人群聚居地生活污水的现场处理和回用	江苏靖江利民村，江苏武进雪堰镇费巷村

技术名称	技术简介	技术经济指标	适用范围	示范工程
Ⅳ厌氧-生态处理技术				
24. 厌氧滤池-人工湿地	生活污水经管网收集后，进入窨井收集，出水经过格栅，大的杂质被截留，出水进入厌氧池。厌氧池内挂生物填料，并加入特定菌种降解大部分的 COD，出水沉淀后进入人工湿地。人工湿地内充填料，上部种植根系发达植物，污水在这里得到进一步降解，达标排放到就近水体	主要指标中 COD_{Cr} 达标，BOD_5、TP 符合《城镇污水处理厂污染物排放标准》（GB 18918—2006）二级标准。吨水建设费 2 000 元，即 500 元/户；运维费用 0.05 元/t 水		安吉后河村红竹园生活污水处理工程
25. 厌氧-兼厌-过滤-人工湿地	生活污水集中汇入格栅沉砂池，防止大异物进入后续厌氧区；然后进入多级厌氧区逐级降解水中污染物；再进入兼氧区，通过弹性填料挂膜，使附着的兼性微生物对污染物进行进一步的降解；接着进入过滤区，通过装有脱色、除臭的滤料，降低出水色度和悬浮物浓度。最后进入人工湿地进一步降解污染物。污水经过处理达标后，就近回用于绿化浇灌	主要指标中 COD_{Cr}、BOD_5 均达到《污水综合排放标准》（GB 8978—1996）一级标准，NH_3-N、TP 均超过《污水综合排放标准》（GB 8978—1996）二级标准。吨水建设费 2 500 元（不含管网铺设费用）；日常运维费用约 1 500 元/a		临安市西天目乡天目村生活污水处理工程
26. 隔油沉砂-厌氧-兼性-湿地工艺	该技术根据农村土地用地现状和发展规划，因地制宜地运用组合污水处理工艺，既解决农村分散型污水的收集和处理，又可以达到一定的景观效果	COD 去除率可达 60%～80%，TN 去除率可达 60%～70%，TP 去除率可达 80%～85%。污水处理运行成本在 0.10～0.15 元/t	处理常规生活污水及污染负荷较高的畜禽污水，COD 为 300～1 000 mg/L	晋宁县双龙村污水处理工程
27. 隔油沉砂-厌氧-兼性-土壤渗滤工艺	一种人工强化的污水生态工程处理技术，它充分利用在地表下面的土壤中栖息的土壤动物、土壤微生物、植物根系以及土壤所具有的物理、化学特性将污水净化，属于小型的污水土地处理系统	COD 去除率可达 60%～80%，TN 去除率可达 60%～70%，TP 去除率可达 80%～85%。污水处理运行成本在 0.10～0.15 元/t	农村综合污水与农灌水混合的微污染水处理	晋宁县村落污水处理工程中石龙小新村污水处理

技术名称	技术简介	技术经济指标	适用范围	示范工程
28. 厌氧—跌水充氧—水生蔬菜型污水处理技术	污水首先进入厌氧池，经过厌氧发酵，将复杂有机物部分转变成 VFA 和沼气；经过厌氧处理后，污水的 COD 浓度得到有效降低，经水泵提升进入多级跌水充氧接触氧化池，接触氧化池共分 4～5 格串联，内装填料，采用跌水方式充氧，借助生长的填料上的微生物降解有机污染物；出水进入水生蔬菜型人工湿地，湿地中用水培法种植经济价值较高的水生蔬菜，利用蔬菜对氮、磷等的摄取能力实现氮磷的去除	COD 去除率可达 80%，TN 去除率可达 75%，TP 去除率可达 80%。污水处理运行成本在 0.30～0.40 元/t	分散型污水处理	国道 214 线祥临公路污水处理工程
V 好氧-生态处理技术				
29. 微动力生态滤池	污水分别经过调蓄沉淀、厌氧发酵、好氧生化及生态滤池系统，处置污水。其好氧生化段是通过太阳能提供动力	出水水质达到《城镇污水处理厂污染物排放标准》（GB 18918—2002）一级 A 标准的吨水投资约为 5 500 元，吨水运行费用为 0.1～0.2 元	COD≤300 mg/L TN≤50 mg/L TP≤6 mg/L	晋宁县大沟箐村环境综合整治工程
30. 微曝气潜流湿地	微曝气潜流湿地是建立在潜流湿地污水处理技术基础上的一种强化处理技术，针对普通潜流湿地，增加了微曝气系统，大大改善潜流湿地易堵塞和充氧不足的技术问题，大幅提高潜流湿地对有机污染物的截留、吸附、吸收、降解能力	出水水质达到《城镇污水处理厂污染物排放标准》（GB 18918—2002）一级 A 标准的吨水投资约为 2500 元，吨水运行费用为 0.2～0.4 元	COD≤400 mg/L TN≤50 mg/L TP≤6 mg/L	永胜县程海镇芮家村人工湿地污水处理厂

技术名称	技术简介	技术经济指标	适用范围	示范工程
31. 微耗能生态滤床	系统利用生物和物理的联合处理方法对污水进行处理，垂直流向的污水经过净水植物吸收、土壤渗滤、微生物群组处理和石英砂过滤等过程，处理效果良好	出水水质达到《城镇污水处理厂污染物排放标准》（GB 18918—2002）一级A标准的吨水投资约为2 500元，吨水运行费用为0.2～0.4元	COD≤400 mg/L TN≤50 mg/L TP≤6 mg/L	石屏县松村豆制品污水及村落污水治理工程
32. 除磷脱氮地埋一体式净化设备	该技术在中高压清水泵、空压机、精滤器、高效气水混合器、搅拌混合器的配合下，在水底制造无数个极其微小、均匀的气泡，把污水中的微细污染物颗粒利用气泡俘获在其表面一起带上水面，从而实现清水与污物的完全分离	COD去除率可达80%～90%，TN去除率可达75%～80%，TP去除率可达 95%。污水处理运行成本在0.4～0.5元/t	COD≤800 mg/L	元磨高速公路黄庄服务区污水处理
33. 隔油-水解调节-接触氧化-人工湿地	生活污水经管网收集后，进入污水处理系统，处理系统包括格栅井、厌氧池和设于其后的好氧池，好氧池处理后进入沉淀池，并设立出水井便于采样，污水经微动力设备处理后，排入600m^{2}的人工湿地进行深度处理	出水水质达到《城镇污水处理厂污染物排放标准》（GB 18918—2002）一级A标准的吨水投资约为3 500元，吨水运行费用约为0.1元		临安市太湖源镇临目村（横渡自然村）污水处理工程

技术名称	技术简介	技术经济指标	适用范围	示范工程
34. 微生物改性竹炭复合水处理技术	污水设施的前段利用生物带负载独特的微生物菌群，该生物带具有稳定性好、比表面积大、比重轻、生物亲和性好等优点。污水设施的后段采用具有发达的孔隙结构和较大的比表面积的改性竹炭，它具有很强的吸附性能，通过微生物筛选和负载技术，将微生物负载于改性竹炭上，解决了单纯吸附容易饱和的缺陷，使竹炭和微生物能长期发挥各自的吸附和降解功能，最终完成污水的深度净化	出水水质达到《城镇污水处理厂污染物排放标准》（GB 18918—2002）一级 B 标准。工程投资：5 550 元/(m^3·d)；运行电费概算：0.25 元/t	对水质要求较高、土地紧缺的经济发达地区	成都市青羊区苏坡支渠、三道堰河道
35. 复合生物陶粒技术	工艺流程是："农户污水→预处理→生物陶粒接触氧化反应器→出水达标排放"。这项复合生物陶粒技术的特点是生物活性高、处理时间短、占地面积小、耐冲击负荷较强，污泥产量低，处理费用少、动力消耗相对较低、自动化程度较高，管理简便	出水水质达到《城镇污水处理厂污染物排放标准》（GB 18918—2002）一级 B 标准。工程投资：5 000 元/(m^3·d)		锡山区在安镇谢埭荡村

技术名称	技术简介	技术经济指标	适用范围	示范工程
36. KOT 生物强化处理技术	KOT 污水处理系统模拟自然生态系统的原理，形成一个由多种属微生物构成的食物链。宿居于载体（生物培养器）上的优势菌群在投加进池体前处于休眠状态，当接触废水及生物助剂后，菌群很快被激活。当系统经过短期调试运行正常后，污水中大部分有机物质在很短的时间内（10～30 min）被微生物吸附，大分子有机物被微生物的胞外酶分解成易降解的小分子，可溶性小分子有机物可直接透入细胞膜内。进入细胞内的营养物质在细胞内酶的作用下，经过一系列生化反应，使有机物转化为二氧化碳、水等简单无机物，同时产生能量。微生物利用呼吸作用放出的能量和氧化过程中产生的中间产物合成细胞物质，使菌体大量繁殖。微生物不断进行生物氧化，使环境中有机物不断减少，污水得到净化	出水中有机物指标可达到《城镇污水处理厂污染物排放标准》（GB 18918—2002）一级 A 标准。工程投资：5 000 元/（m^3·d）；吨水处理费用 0.8 元左右	适用于修复受农村生活污水污染的黑臭河道	江苏省无锡市锡山区东港镇陆家弄村

附表 3　畜禽养殖污染防治技术目录

技术名称	技术简介	技术效果	示范工程/数据来源
1. 猪-沼-果-鱼	山顶种植水土涵养林，山腰开梯田种脐橙，园间栽培生草，山脚保留防护植被带，山脚建造养猪场和沼气池，沼气池下游建有多级鱼塘，已形成较典型的“养猪-沼气-果树-养鱼”四位一体的物质循环和能量梯级利用的综合生态农业模式	畜禽粪便、废水无污染零排放	江西省定南县龙塘镇杏林农庄
2. 三段式红泥塑料畜禽污水处理技术	前处理将粪污进行固液分离，液态粪污水经厌氧发酵处理产生沼气和沼液，沼气可用于基地猪栏保温和生活燃料，沼液稀释后可用于果园灌溉；固态粪渣和猪舍干拾的鲜粪，经堆肥化发酵可得商品有机肥。厌氧发酵池采用耐腐蚀、抗老化、气密性和吸热性好的红泥塑料作为覆皮，能充分利用太阳能，提高发酵温度，加快发酵速率	畜禽粪便、废水无污染零排放	福建长富集团第一牧场
3. UASB＋SBR	UASB 占地面积比普通曝气池小，运行费用省，自动化控制程度高，管理方便，处理效率高，运行稳定性可靠，耐负荷去除能力强，出水质好。SBR 工艺利用风量的控制使污水经厌氧、好氧两段生物处理交替运行，利用生物菌的硝化与反硝化作用使水中大部分 N、P 被去除。占地面积比普通曝气池小，运行费用省，自动化控制程度高，管理方便，处理效率高，运行稳定性可靠，耐负荷	水质满足《畜禽养殖业污染物排放标准》（GB 18596—2001）	舒城县长风良种猪养殖场

技术名称	技术简介	技术效果	示范工程/数据来源
4. 水解酸化-生物滤池-氧化塘	将固液分离、沉淀、水解酸化、高速生物滤池和生物氧化塘等各种污水处理技术优化、创新，集成为一个系统工程，工艺先进，操作简单，节约能源，运行良好。滤池采用的新型半软性滤料，与传统的卵石、砂之类的填料相比，具有比表面积大、耐腐蚀、防堵塞、不需反冲洗等特点。系统各级之间设水位差，利用水的自流实现粪污水在各工艺阶段之间的流通，减少了能耗，整个工程耗能仅在 2 kW·h 左右。工程实现了自动运行与控制，仅需一人管理，除了进行固体肥料的管理销售外，粪污水的处理只需要定期巡视和观测，管理方便	出水水质达到了国家规定的《畜禽养殖业污染物排放标准》	北京大兴种猪场
5. 厌氧-SBR	废水先采用回转式格栅机和专用水力筛进行两道分离，以去除粪渣、残余饲料等固体物，分离出的粪渣用于制作有机肥。经固液分离后自流进入调节池，然后泵入原有的厌氧罐。厌氧消化采用全混接触式厌氧工艺。由于厌氧罐中的污泥流失严重，故设平流式沉淀池一座，沉淀污泥回流至调节池后再泵入厌氧罐，以提高厌氧污泥的停留时间，上清液与一部分猪粪水混合后（调节 BOD_5/ COD 的比值以提高可生化性）流入 SBR 好氧生化池以进一步去除 COD，并脱氮除磷	出水达到国家《畜禽养殖业污染物排放标准》，吨水运行成本为 1.5 元	杭州田园养殖场

技术名称	技术简介	技术效果	示范工程/数据来源
6. CSTR＋SBR	经固液分离后，污水自流进入调节池，然后泵入原有厌氧罐。厌氧消化采用 20℃全混接触式厌氧工艺，沉淀污泥回流至调节池，再泵入厌氧罐，以提高厌氧污泥的停留时间。上清液与一部分原猪粪水混合，调节 BOD_5/COD_{Cr} 的比值，提高污水可生化性。混合废水再流入 SBR 好氧生化池，以进一步去除 COD_{Cr}，并脱氮除磷	出水达到国家《畜禽养殖业污染物排放标准》，吨水运行成本为 1.5 元	杭州田园养殖场
7. 厌氧＋加原水＋间隙曝气	它是厌氧＋SBR 工艺的改良，因为厌氧消化较完全，导致好氧处理中 C/N 较低，影响后续消化效果，如果添加外源碳源或外源有机物提高 C/N，运行成本随之增高，故提出了部分猪场废水进入厌氧池进行厌氧处理，另一部分进入沉淀配水池与厌氧出水混合后再采用间歇曝气的序批式反应器处理	化学耗氧量、氨氮的去除率达到 98%以上，生化需氧量去除率达到 99%以上，悬浮物去除率达到 97%以上，总氮去除率达到 93%以上。出水化学耗氧量、生化需氧量、氨氮、悬浮物分别低于 350 mg/L、20 mg/L、15 mg/L、120 mg/L，达到《畜禽养殖业污染物排放标准》（GB 18596—2001）	杭州灯塔养殖总场
8. 厌氧-人工湿地	采用人工干清粪法实行干湿分离，污水收集经酸化后进入厌氧发酵池进行厌氧发酵产生沼气，产沼气后的厌氧消化液经人工湿地深度处理	化学需氧量和悬浮物达到《畜禽养殖业污染物排放标准》（GB 18596—2001）要求	金华尖岭脚村养殖小区

技术名称	技术简介	技术效果	示范工程/数据来源
9. AOS 污水处理系统	系统由厌氧消化器（UASB 或 UBF）、好氧降解反应器（好氧生物膜反应器或 SBR）和物理沉淀槽有机组成的三合一组合式生物反应器。AOS 系统在现场处理高浓度猪场废水方面有如下优点：① 去除有机物能力高，去除效率高；② 出水质量高，并可稳定达到 BOD_5 和 TSS 的排放标准；③ 净污泥产生率低；④ 反应器设计紧凑，占地面积小；⑤ 建造成本较低，对现场情况适应性强；⑥ 操作简单，不用精密仪表控制，非专业人员易于掌握	整个系统（包括预处理）在 1 d 的水力停留时间下运行，对猪场高浓度废水的 BOD_5 和 TSS 去除率分别可稳定达到 98%和 97%。出水中 BOD_5 和 TSS 含量小于 50 mg/L	香港元朗农场
10. UBF＋SBR	UBF 将 UASB 和厌氧滤器结合为一体，下部为污泥床，上部设置纤维填料。SBR 反应池，该池集均化、初沉、生物降解、二沉等功能于一池，无污泥回流系统。启动速度快，运行稳定可靠，占地面积小，污泥排放量少，管理方便等明显特点	出水达到国家《畜禽养殖业污染物排放标准》	重庆市某生猪养殖场
11. UASB＋SBR＋化学混凝工艺	废水首先进入调沉池，其主要作用是调节水质、水量，另外可以去除大部分悬浮物和少量有机物。调沉池出水自流入集水井，再通过泵输送到 UASB 反应器，大部分有机物在此被降解，并产成沼气。UASB 反应器出水进入 SBR 进行后续处理，部分有机物和大部分氨氮在此被降解去除。由于 SBR 反应器出水 TP 超标，以及 SS 的浓度还较高，影响出水水质，因此最后通过化学混凝反应池处理，以满足达标排放要求	出水各项指标都达到了《畜禽养殖业污染物排放标准》（GB 18596—2001）。废水处理费用约 1.5 元/m^3	湖南某养猪场

技术名称	技术简介	技术效果	示范工程/数据来源
12. HCR＋SBR	调节池内废水经水泵提升进入 HCR 反应器，射流器安装在反应器中心导流管顶部的中央，通过水射器产生负压吸入空气，同时使空气与废水混合充分，在水流和气流的共同作用下，使喷头下方形成高速紊流剪切区，把吸入的空气再次切割成微小的气泡，以利于氧的传递。富含溶解氧的混合废水经反应器中心导流筒到达反应器底部后，又沿外筒壁向上反流形成环流，部分气泡破碎，空气被释放出来，但仍有较多空气泡随液相进入中心管，进行二次分散和再循环。如此循环往复运行，污水被反复充氧，气泡和菌胶团不断地被水流剪切细化，形成致密细小的絮凝体，使水、气和微生物接触充分，从而获得良好的污染物去除效果。当 HCR 反应器正常运行、处理出水水质达到排放标准时，SBR 池内的曝气系统关闭，SBR 池仅作为沉淀池使用；当 HCR 反应器出水水质不能满足排放标准时，启动 SBR 池作为 HCR 工艺的补充	工艺可靠，运行管理方便，效果良好，出水水质满足《畜禽养殖业污染物排放标准》（GB 18596—2001）。HCR 工艺在较短的停留时间（4. 0 h）下，对高浓度养猪废水中 COD 的去除率平均达 90% 以上，再经后续 SBR 法处理，COD 总去除率可达 97%以上	胡晓莲，等，2010
13. 水解酸化-UASB-A/O	污水从栅后渠道直接流入调节池的配水槽，污水分为两路，进入左右两侧配水槽中，经两侧的配水孔流入调节池中。经过不同的时间污水经调节池进入 UASB。同时，考虑到避免调节池中发生沉淀，拟采用机械搅拌方式。水力停留时间 29h，然后进入前置式反硝化生物脱氮系统	出水水质达到 COD_{Cr} ≤400 mg/L，BOD_5≤150 mg/L，SS≤80 mg/L，pH＝6～9，NH_3-N≤600 mg/L，满足 GB 18596—2001 的要求	陈晓峰，等，2010
14. 浸没式 MBR-A/O	膜组件直接放于生物反应器中，MBR 反应器内流速由空气的搅拌提供。中空纤维膜组件置于 MBR 中，污水浸没膜组件，通过自吸泵的抽吸，利用膜丝内腔的抽吸负压来运行	出水 COD＜85 mg/L，BOD_5＜10 mg/L，SS＜5 mg/L，NH_3-N＜5 mg/L	张威，等，2009

技术名称	技术简介	技术效果	示范工程/数据来源
15. IOC-SBBR	在第三代高效厌氧生物反应器-厌氧内循环反应器（IC）基础上，通过改进反应器结构，增加反应器的循环，形成厌氧内外循环反应器（IOC）；并与序批式生物膜反应器（SBBR）组成联合工艺，充分利用两者的组合优势促进猪场废水高效脱碳除氮	反应器容积负荷至 6 kg/（m^3·d），COD 和 NH_4^+-N 去除率达 95%以上，TN 去除率近 80%	吴永明，等，2010
16. 亚硝化-厌氧氨氧化一体化反应器	上部为供氧段，有效高度为 110 m，内部装组合式填料；下部为非供氧段，有效高度为 110 m，内装生物陶粒填料，能高效富集微生物。整个反应器采用下向流方式，上部设进水装置和曝气装置（鼓风曝气）	COD、NH_4^+-N 和 TN 平均去除率分别为 75.10%、85.77%、69.28%，脱氮效果明显，反应器氮容积负荷达 0.14 kg/（m^3·d）	王奎，等，2010
17. 水解酸化-USR-活性污泥	经调节沉砂池，由提升泵进入水解酸化池，自吸式离心泵提升集水井废水进入 USR 池，出水进入初沉池，而后废水推流经过好氧曝气生化系统。工艺简单	各污染物指标的去除完全能够满足《畜禽养殖业污染物排放标准》（GB 18596—2001）的排放要求	陈亮，等
18. 组合式氧化塘	太阳能折流式厌氧塘水力停留时间较长，且能充分吸收太阳光线，使污水中光合细菌充分生长，通过微生物菌群的协同作用，可将污水中大部分可溶性有机物降解去除。兼性塘是通过好氧和厌氧工艺处理可生物降解有机物的系统，还可以去除部分氮磷。在强化好氧段，由于氧气的供给较好，可形成大量活性污泥；活性污泥同时具有强大的吸附作用，可将污水中的悬浮物进一步去除	处理出水水质（COD≤400 mg/L、NH_3-N≤70 mg/L）达到《畜禽养殖业污染物排放标准》（GB 18596—2001）	河北省衡水市

技术名称	技术简介	技术效果	示范工程/数据来源
19. 三级串联人工快渗系统	采用间歇进水落干方式运行，一天淹水 2d 落干，开始的水力负荷为 0.15 m/d 运行，挂膜稳定后以 0.25 m/d 运行	对废水 COD、NH_3-N 的去除率分别稳定在 81%和 94.5%，出水均满足了《畜禽养殖行业污染物排放标准》（GB 18596—2001）的要求，同时三级串联系统还可以有效预防系统的堵塞	廖爱彬，等
20. 厌氧池＋四级人工湿地＋生物塘	小型养殖场产生的废水，先经稀释、混合调节对高浓度废水进行预处理，之后依次进入简易厌氧池、四级人工湿地和生物塘工序	处理效果好，运行稳定，耐冲击负荷能力强，费用低廉，SS、COD、NH_4^+-N、TP 去除率分别达到 91%、89%、62%和 88%，出水可达再生水回用于农业用水选择性标准	重庆，王毓丹，等
21. 厌氧-好氧-混凝沉淀-稳定塘	猪粪水与猪栏冲洗水经厌氧消化进入曝气生物反应池去除 NH_3-N、有机物等，而后泵入快速混凝池，投加混凝剂 PAC，进一步去除难生物降解有机物与营养元素磷，经氧化塘深度处理后直接排入水体	原水 COD 由 12 000 mg/L 降为 98 mg/L，SS 浓度由 4 500 mg/L 降为 20 mg/L，NH_4^+-N 由 1 160 mg/L 降为 59 mg/L，去除率分别为 99.18%、95.56%和 94.91%，达到《畜禽养殖业污染物排放标准》（GB 18596—2001））中规定的排放标准。该工艺具有工程造价低、易于管理等优点	广东，陈步东，等

技术名称	技术简介	技术效果	示范工程/数据来源
22. UASB-生物接触氧化-氧化塘工艺	工艺流程主要包括前处理单元（格栅、集水池、调节池）、UASB 反应器、兼氧池、生物接触氧化池、氧化塘等处理单元	处理养猪场废水是可行的，COD 去除率达 96.8%，BOD_5 去除率达 96.2%，NH_3-N 去除率达 85.6%，出水明显优于 GB 18596—2001 要求	广西，林冀夫，等
23. 水解酸化＋UASB＋接触氧化＋生物氧化塘＋人工湿地工艺	固液分离后废水自流入调节池，进行水量水质调节，而后用泵打入水解酸化池。在水解酸化细菌的作用下，把大分子有机物转化为小分子有机酸，再用泵打入 UASB 反应器。在 UASB 反应器中，废水中的小分子有机物（主要是有机酸）与微生物（主要是产甲烷菌）厌氧反应，使小分子有机物进一步断链降解。由 UASB 反应器排出的废水自流入接触氧化池，与该池中的好氧微生物、兼性微生物和少量的厌氧微生物充分反应，使废水中的有机物进一步无机化。反应充分后的废水自流入二沉池，在重力等作用下重力分离，污泥回流到调节池由前段工序进一步稳定处理，上清液自流入生物氧化塘，进行进一步的物化和生物处理净化。生物氧化塘的水最后流入人工湿地，在芦苇等植物根系及周围微生物的作用下得到充分的进一步降解，废水经人工湿地处理后达标排放或灌溉农田	出水一直稳定达到或超过《农田灌溉水质标准》（GB 5084—92），处理后的水全部用于附近农田灌溉，所产生的污泥用于附近农田施肥，日产生沼气 600 m^3，所产沼气用于发电	河南，周建民，等
24. IOC-SBBR	在第三代高效厌氧生物反应器厌氧内循环反应器 IC 基础上通过改进反应器结构，增加反应器的循环，形成厌氧内外循环反应器 IOC 并与序批式生物膜反应器 SBBR 组成联合工艺，充分利用两者的组合优势促进猪场废水高效脱碳除氮	COD、NH_4^+-N 的去除率分别可以达到 85%和 90%以上	吴永明，等

参考文献

[1] 唐秀美，赵庚星，路庆斌. 基于 GIS 的县域耕地测土配方施肥技术研究[J]. 农业工程学报，2008，24（7）：34-38.

[2] 朱兆良，David Norse，孙波. 中国农业面源污染控制对策[M]. 北京：中国环境科学出版社，2006.

[3] 张福锁. 测土配方施肥技术要览[M]. 北京：中国农业大学出版社，2006.

[4] 李强坤，孙娟，胡亚伟，等. 青铜峡灌区农业非点源污染控制措施及其效果分析[J]. 农业环境科学学报，2010，29（增刊）：141-144.

[5] 张成玉，肖海峰. 我国测土配方施肥技术增收节支效果研究——基于江苏、吉林两省的实证分析[J]. 农业技术经济，2009（2）：44-51.

[6] 王明新，吴文良，夏训峰. 华北高产粮区夏玉米生命周期环境影响评价[J]. 环境科学学报. 2010，30（6）：1339-1344.

[7] 杨建新. 产品生命周期评价方法及应用[M]. 北京：气象出版社，2002.

[8] Meisterling K，Samaras C，Schweizer V. Decisions to reduce greenhouse gases from agriculture and product transport：LCA case study of organic and conventional wheat[J]. Journal of Cleaner Production，2009，17：222-230.

[9] 胡志远，谭丕强，楼狄明，等. 不同原料制备生物柴油生命周期能耗和排放评价[J]. 农业工程学报，2006，22（11）：141-146.

[10] 任辉，杨印生，曹利江. 食品生命周期评价方法及其应用研究[J]. 农业工程学报，2006，22（1）：19- 22.

[11] ISO 14040：2006. Environmental Management—Life Cycle Assessment—Principles and Framework[S].

[12] 苏洁. 中国生物质乙醇燃料生命周期分析[D]. 上海交通大学，2005.

[13] 狄向华，聂祚仁，左铁镛. 中国火力发电燃料消耗的生命周期排放清单[J]. 中国环境科学，2005，25（5）：632-635.

[14] 王朝辉，刘学军，巨晓棠，等. 北方冬小麦夏玉米轮作体系土壤氨挥发的原位测定[J]. 生态学报，2002，22（3）：359-365.

[15] 苏芳，丁新泉，高志岭，等. 华北平原冬小麦—夏玉米轮作体系氮肥的氨

挥发[J]. 中国环境科学，2007，27（3）：409-413.

[16] 王激清，马文奇，江荣风，等. 我国水稻、小麦、玉米基肥和追肥用量及比例分析[J]. 土壤通报，2008，39（2）：329-333.

[17] 潘志勇. 基于试验与模型的C、N循环研究——以华北高产粮区桓台县为例[D]. 中国农业大学，2005.

[18] 李瑞鸿，洪林，罗文兵. 漳河灌区农田地表排水中磷元素流失特征分析[J]. 农业工程学报，2010，26（12）：102-106.

[19] Brentrup F，Küsters J，Lammel J. Environmental impact assessment of agricultural production systems using the life cycle assessment（LCA）methodology I. Theoretical concept of a LCA method tailored to crop production[J]. European Journal of Agronomy，2004，20：247-264.

[20] Huijbregts M A J，Thissen U，Guinee J B，et al. Priority assessment of toxic substances in life cycle assessment. Part I：Calculation of toxicity potentials for 181 substances with the nestedmulti-media fate，exposure and effects model USESLCA[J]. Chemosphere，2000，41：541-573.

[21] Sleeswijk A W，Van O L，Guinée J B，et al. Normalization in product life cycle assessment：An LCA of the global and European economic systems in the year 2000[J]. Science of the Total Environment，2008，390：227-240.

[22] Feng H J，Hu L F，Qaisar M，et al. Anaerobic domestic wastewater treatment with bamboo carrier anaerobic baffled reactor[J]. International Biodeterioration & Biodegradation，2008，62：232-238.

[23] 郭迎庆，黄翔峰，张玉先，等. 太湖地区农村生活污水示范工程处理工艺的选择[J]. 中国给水排水，2009，25（4）：6-9.

[24] 郝前进，张苹. 农村生活污水治理示范工程的成本有效性研究——以上海和苏南地区为例[J]. 中国人口·资源与环境，2010，20（1）：108-111.

[25] 蒋克彬，彭松，张小海，等. 农村生活污水分散式处理技术及应用[M]. 北京：中国建筑工业出版社，2009.

[26] Kadam A M，Nemade P D，Oza G H，et al. Treatment of municipal wastewater using laterite—based constructed soil filter[J]. Ecological Engineering，2009，35：1051-1061.

[27] Kimberley C，Chandra M，Anna C，et al. Pollutant removal from municipal sewage lagoon effluents with a free—surface wetland[J]. Water Research，2003，37：2803-2812.

[28] 林齐宁. 决策分析[M]. 北京：北京邮电大学出版社，2003.

[29] 卢璟莉，肖运来. 我国农村生活污水处理及利用分析[J]. 湖北农业科学，2009，48（9）：2289-2291.

[30] 齐瑶，常杪. 小城镇和农村生活污水分散处理的适用技术[J]. 中国给水排水，2008，24（18）：24-27.

[31] Sabry T. Evaluation of decentralized treatment of sewage employing Upflow Septic Tank/Baffled Reactor（USBR）in developing countries [J]. Journal of Hazardous Materials，2010，174：500-505.

[32] 申颖洁，廖日红，黄赟芳，等. 京郊生活污水处理技术实例分析与适宜性评价[J]. 中国给水排水，2009，25（18）：19-26.

[33] 孙兴旺，马友华，王桂苓，等. 中国重点流域农村生活污水处理现状及其技术研究[J]. 中国农学通报，2010，26（18）：384-388.

[34] 谭学军，张惠锋，张辰. 农村生活污水收集与处理技术现状及进展[J]. 净水技术，2011，30（2）：5-9，13.

[35] 吴磊，吕锡武，李先宁，等. 厌氧/跌水充氧接触氧化/人工湿地处理农村污水[J]. 中国给水排水，2007，23（3）：57-59.

[36] 张文艺，姚立荣，王立岩，等. 植物浮岛湿地处理太湖流域农村生活污水效果[J]. 农业工程学报，2010，26（8）：279-284.

[37] 朱方霞，陈华友. 改进的优劣系数法及其区间数推广[J]. 数学的实践与认识，2010，40（5）：102-109.

[38] 马洪儒，茹宗玲. 城郊养殖场污染治理与环能工程[M]. 长沙：湖南大学出版社，2007.

[39] 朱凤连，马友华，周静，等. 我国畜禽粪便污染和利用现状分析[J]. 安徽农学通报，2008，14（13）：48-50.

[40] 秦凤贤. 生命周期评价在牛奶生产中的应用研究[J]. 乳业科学与技术，2006（5）：224-226.

[41] 王明新，夏训峰，刘建国，等. 太湖地区高产水稻生命周期评价[J]. 农业

环境科学学报，2009，28（2）：420-424.
[42] 王明新，包永红，吴文良，等. 华北平原冬小麦生命周期环境影响评价[J]. 农业环境科学学报，2006，25（5）：1127-1132.
[43] International Organization for Standardization. Enviromental management life-cycle assessment principles and frame work：ISO14040—2006[S]. Geneva：International Organization for Standardization，2006.
[44] 国家统计局. 中国统计年鉴：2006[M]. 北京：中国统计出版社，2007.
[45] 张治山，袁希钢. 玉米燃料乙醇生命周期净能量分析[J]. 环境科学，2006，27（3）：437-441.
[46] 胡志远，浦耿强，王成焘. 木薯乙醇汽油车生命周期排放评价[J]. 汽车工程，2004，26（1）：16-19.
[47] 白林. 四川养猪业清洁生产系统LCA及猪粪资源化利用关键技术研究[D]. 四川农业大学，2007.
[48] 国家环境保护总局自然生态保护司. 全国规模化畜禽养殖业污染情况调查及防治对策[M]. 北京：中国环境科学出版社，2002.
[49] 徐谦，朱桂珍，向俐云. 北京市规模化畜禽养殖场污染调查与防治对策研究[J]. 农村生态环境，2002，18（2）：24-28.
[50] 刘丹. 猪舍内氨气挥发动态模型的实验研究：以安平猪场为例[D]. 中国农业大学，2004.
[51] 北方农村"四位一体"模式优化组合配套技术的探讨[OL]. 2005-06-14. http：//heatpipe. net. cn/news/22/2005-6-14_13254647929. html.
[52] 吴香尧. 成都地区畜禽粪便污染治理工艺技术引论[M]. 成都：西南财经大学出版社，2008：66-67.
[53] 王刚，王欣，高德玉，等. 沼气生物脱硫技术研究[J]. 应用能源技术，2008（5）：33-35.
[54] 周孟津，张榕林，蔺金印. 沼气实用技术[M]. 北京：化学工业出版社，2004：5-23.
[55] 林聪，王久臣，周长吉. 沼气技术理论与工程[M]. 北京：化学工业出版社，2007：200-204.
[56] 王革华. 农村能源建设对减排 SO_2 和 CO_2 贡献分析方法[J]. 农业工程学

报，1999，15（1）：169-172.

[57] 李震钟. 家畜生态学[M]. 北京：中国农业出版社，1995：75-81.

[58] Heidi K，Strand D，Schmidt L H A. Update on impact categories，normalization and weighting in LCA：Version 1.0[R]. Danish：Danish Environmental Protection Agency，2005.

[59] Cede B C，Flysjo A. Environmental assessment of future pig farming systems quantifications of three scenarios from the FOOD 21 synthesis work[R]. Goteborg：Swedish Institute for Food and Biotechnology，2004.

[60] 张克强，高怀友，季民，等. 畜禽养殖业污染物处理与处置[M]. 北京：化学工业出版社，2004：22-25.

[61] 陆日东，李玉娥，万运帆，等. 堆放奶牛粪便温室气体排放及影响因子研究[J]. 农业工程学报，2007，23（8）：198-204.

[62] 关升宇. 牛粪发酵过程中的氮磷转化[D]. 东北农业大学，2006.

[63] 高廷耀，顾国维. 水污染控制工程（下册）[M]. 北京：高等教育出版社，1999：58-63.

[64] 刘明庆，席运官，龚丽萍，等. 东江源头区“猪沼果鱼”生态农业模式关键技术与面源污染控制分析[J]. 生态与环境学报，2011，26（S1）：58-63.

[65] 彭英霞，林聪，殷志永，等. 生物滤池处理养殖废水的工程实践研究[J]. 动物科学与动物医学，2005（11）：60-61.

[66] 林伟华. 厌氧 SBR 工艺处理畜禽废水[J]. 中国给水排水，2003（5）：93-94.

[67] 张安来，朱飞虹. 畜禽养殖场、小区、污水、厌氧、人工湿地处理模式的研究及示范[J]. 可再生能源，2010，28（3）：103-106.

[68] 柳剑，叶进. UBF-SBR 工艺在畜禽养殖场废水治理中的应用[J]. 农机化研究，2009（5）：221-223.

[69] 颜智勇，吴根义，刘宇赜，等. UASB/SBR/化学混凝工艺处理养猪废水[J]. 中国给水排水，2007，23（4）：66-68.

[70] 陈亮，李欢，蒋为，等. 养殖场废水处理工程的设计与调试运行[J]. 给水排水，2007，33（10）：71-74.

[71] 鲁秀国，饶婷，范俊，等. 氧化塘工艺处理规模化养猪场污水[J]. 中国给水排水，2009，25（8）：55-57.

[72] 康爱彬，杨雅雯，王守伟，等. 三级串联人工快渗系统处理养殖废水[J]. 环境工程学报，2009，3（3）：475-478.

[73] 王毓丹，李杰，钟成华，等. 小型畜牧养殖场废水处理工程实例[J]. 环境工程，2009，27（3）：45-48.

[74] 陈步东，王小佳，卫培，等. 生猪养殖场废水处理工程设计与运行调试[J]. 广东农业科学，2010（1）：150-153.

[75] 林冀夫. UASB-生物接触氧化-氧化塘工艺处理养猪场废水[J]. 环境工程，2009，27（S）：36-37.

[76] 周建民，郑朋刚，扈映茹，等. UASB 与接触氧化反应器在养殖废水处理工程中的应用[J]. 中国沼气，2008，26（2）：21-24.

[77] 吴永明，万金保，熊继海，等. IOC-SBBR 联合工艺处理高氨氮猪场废水的快速启动与运行优化[J]. 工业水处理，2010，30（10）：40-44.